W0257706

H. Allhorn, U. Birnbaum, W. Huber

Kohleverwendung und Umweltschutz

Mit 29 Abbildungen

Springer-Verlag
Berlin Heidelberg New York Tokyo 1984

Harald Allhorn, Ulf Birnbaum, Werner Huber
Programmgruppe Systemforschung und
Technologische Entwicklung (STE),
Kernforschungsanlage Jülich

Cip-Kurztitelaufnahme der Deutschen Bibliothek.
Allhorn, Harald: Kohleverwendung und Umweltschutz/
H. Allhorn; U. Birnbaum; W. Huber. – Berlin;
Heidelberg; New York; Tokyo: Springer, 1983

ISBN-13: 978-3-540-12823-6   e-ISBN-13: 978-3-642-95442-9
DOI: 10.1007/978-3-642-95442-9

NE: Birnbaum, Ulf; Huber, Werner

Das Werk ist urheberrechtlich geschützt. Die dadurch begründeten Rechte, insbesondere die der Übersetzung, des Nach-
druckes, der Entnahme von Abbildungen, der Funksendung, der Wiedergabe auf photomechanischem oder ähnlichem Wege
und der Speicherung in Datenverarbeitungsanlagen bleiben auch bei nur auszugsweiser Verwertung vorbehalten. Die Ver-
gütungsansprüche des §54,Abs. 2 UrhG werden durch die »Verwertungsgesellschaft Wort«, München, wahrgenommen.

© by Springer-Verlag, Berlin/Heidelberg 1983

Die Wiedergabe von Gebrauchsnamen, Handelsnamen, Warenbezeichnungen usw. in diesem Buch berechtigt auch ohne
besondere Kennzeichnung nicht zur Annahme, daß solche Namen im Sinne der Warenzeichen- und Markenschutz-Gesetz-
gebung als frei zu betrachten wären und daher von jedermann benutzt werden dürften.

2060/3020-543210

Vorwort

Die Deckung einer steigenden **Weltenergienachfrage bei gleichzeitiger**
Substitution des Erdöls wird ohne eine verstärkte Nutzung der Kohle
nicht zu erreichen sein. Verschiedene Analysen zur Entwicklung des
Weltenergiebedarfs und seiner Deckungsmöglichkeiten kommen zu dem
Ergebnis, daß sich die Weltkohleproduktion bis zum Ende dieses
Jahrhunderts verdoppeln könnte.

Auch für die Industrieländer ist nach den Ölkrisen des letzten Jahr-
zehnts die Kohle als heimische Energiequelle verstärkt in den ener-
giewirtschaftlichen und energiepolitischen Blickpunkt gerückt. Das
hat dazu geführt, daß in den letzten Jahren erhebliche Anstrengungen unternommen worden sind, neue und verbesserte Verfahren zur
Nutzung und Veredlung der Kohle zu entwickeln. Diese Verfahren sind
heute oder in naher Zukunft einsatzbereit, womit eine der wichtigen
Voraussetzungen für eine verstärkte Nutzung der Kohle gegeben wäre.

Auf der anderen Seite macht die im Zusammenhang mit dem sog. Waldsterben öffentliche Umweltdiskussion deutlich, daß ein wachsender
Beitrag der Kohle zu unserer Energieversorgung sich nur dann realisieren lassen wird, wenn es gelingt, die Umweltbelastungen bei der
Kohlenutzung in einem ökologisch vertretbaren Rahmen zu halten.

Vor diesem wichtigen und dazu noch hochaktuellen energiewirtschaft-
lichen und umweltpolitschen Hintergrund stellt das Buch den heutigen Stand des Wissens über die Umweltbelastungen, die bei der Gewinnung, Aufbereitung und Umwandlung von Kohle entstehen, dar. Dabei werden für die verschiedenen Verfahren, einschließlich der
neuen Verfahren der Kohleveredlung, nicht nur die jeweiligen spezifischen Emissionen beschrieben, sondern auch die technischen Möglichkeiten zur Verminderung der Emission dargestellt sowie auf noch
bestehende Wissenslücken hingewiesen.

Ich bin sicher, daß die systematische und übersichtliche Darstellung des Gesamtkomplexes der Umweltbelastung durch Kohlenutzung
eine wertvolle Hilfe für alle diejenigen darstellt, die sich mit
der Umweltproblematik im allgemeinen und der der Kohlenutzung im
speziellen befassen. Das Buch kann damit einen wichtigen Beitrag
zur Versachlichung der gerade wohl erst beginnenden Diskussion
um die Umweltbelastung der Kohlenutzung leisten.

Stuttgart, im Mai 1983

Institut für Kernenergetik und
Energiesysteme IKE der Universität Stuttgart

Prof. Dr. A. Voß

Inhaltsverzeichnis

Einleitung

Kohlenförder- sowie -umwandlungsverfahren, die derzeit und/oder
in den nächsten Jahren in der Bundesrepublik Deutschland zum
Einsatz kommen, werden im Hinblick auf ihre Umweltverträglichkeit untersucht.

Die wesentlichen Probleme der untertägigen Steinkohlengewinnung
liegen nicht bei der Kohlenförderung sondern eher bei den Aufbereitungsanlagen und in der Beseitigung sowohl der salzhaltigen Grubenabwässer als auch der anfallenden Waschberge.

Da die Braunkohle überwiegend im Tagebau gewonnen wird, sind
die Umweltauswirkungen deutlich anders gelagert. Beim Abbau
durch große Schaufelradbagger sowie beim Transport über kilometerlange Förderbandstrecken kommt es zu Staub- und Lärmentwicklungen, die nur durch Wasserbedüsung und geeignete Lärm-
schutzwälle eingedämmt werden können. Das notwendig werdende
Abpumpen des Grundwassers führt zu einer weitreichenden Absenkung des Grundwasserspiegels und den damit verbundenen Folgen wie etwa Bodenabsenkungen. Die Beseitigung bzw. Rekulti-
vierung entstandener Gruben ist im wesentlichen gesetzlich
geregelt und wird nach anerkannten Maßstäben vorgenommen.

Trotz jahrelanger Bemühungen ist es bislang nicht gelungen, das
Emissionsproblem bei Kokereien vollständig zu lösen. Die zu
ergreifenden Umweltschutzmaßnahmen zielen darauf ab Staub-,
Gas- und Dampfemissionen zu verringern, die beim Betrieb der
Koksöfen entweichen. Außerdem werden Verfahren zur Kokstrocken-
kühlung erprobt, mit dem Ziel, die fühlbare Wärme des Koks zu
nutzen. Ein Nebeneffekt wäre die Verringerung bzw. das "Nicht
Auftreten" von Löschschwaden, die Staubpartikel mitreißen.

Für die im Bereich von Brikettfabriken auftretenden Emissionen
ergeben sich derzeit keine weiteren sinnvollen Verringerungs-
möglichkeiten. Hinzu kommt, daß es sich dabei um einen an Bedeutung verlierenden Industriezweig handelt.

Obwohl die Anlagen zur Stromerzeugung fortwährend weiterentwickelt und verbessert werden, stellen sie noch immer erhebliche Emissionsquellen dar. Im wesentlichen sind zu nennen
Staub, Schwefeldioxid und Stickoxide. Verbesserungen bzw. Verringerungen der Emissionen werden in der Zukunft durch den Einsatz von Entschwefelungsanlagen bei bestehenden Anlagen bzw.
neuer Stromerzeugungstechniken wie der Wirbelschichtfeuerung
oder der kombinierten Kraftwerksprozesse zu erwarten sein.

Nach dem derzeitigen Stand der Entwicklung der Kohlenverflüssigung ist bei der Bestimmung von Emissionsfaktoren zu berücksichtigen, daß es sich bei den berechneten Mengenströmen einzelner Quellen um Planungsdaten handelt. Betriebsmeßwerte von großtechnischen Anlagen liegen noch nicht vor.
Dieser Sachverhalt trifft auch auf Anlagen zur Kohlenvergasung
zu, von denen es mehr als siebzig in Betrieb befindliche Industrieanlagen gibt. Zuverlässige Emissionsdaten sind auch hier
kaum verfügbar. Hierdurch sind die angestellten Analysen mit
Unsicherheiten behaftet, Fehleinschätzungen unvermeidbar. Durch
den Vergleich mit Emissionsmeßwerten bzw. Erfahrungswerten prinzipiell ähnlicher Prozesse läßt sich zum Teil das Risiko von
Fehleinschätzungen in Grenzen halten. Ist die Einbeziehung ähnlicher Prozesse nicht möglich, so ist die Abschätzung von Um-
weltbeeinträchtigungen durch erhebliche Ungenauigkeiten gekennzeichnet.
Dieses trifft besonders für den Verbleib von Spurenelementen
zu. Angaben über alle Prozeßstufen und damit die Ausschleusung
über Gas-, Flüssigkeits- und Feststoffwege sind für die angesprochenen Verfahren größtenteils noch ungeklärt, Angaben über
umweltrelevante Spurenelemente sind folglich nicht möglich.
Weiterhin ist die Art der Abwasserbehandlung für Hydrieranlagen
noch nicht endgültig geklärt, da sehr wenig Erfahrungen über
die Zusammensetzung und Konzentration umweltrelevanter Inhalt-

stoffe sowie deren Abbau vorliegen. Die Abwasserproblematik ist in erster Linie in dem voraussichtlich hohen Phenol- und Sulfidgehalt zu sehen.

Ein weiteres ungelöstes Problem liegt in den entstehenden Veredelungsprodukten, die bzgl. ihrer toxikologischen, mutagenen und karcinogenen Eigenschaften noch nicht ausreichend untersucht worden sind.

Insgesamt muß festgestellt werden, daß die vorliegenden Emissionsfaktoren lediglich abschätzbaren Charakter besitzen. Belastbare Ergebnisse sind erst zu erwarten, wenn die Schadstoffbelastung einzelner Massenströme nach einem verbindlichen Schema zuverlässig gemessen wird.

1 Problemstellung und Zielsetzung

Die durch die Auswirkungen der ersten "Ölkrise" von 1973/74 hervorgerufenen und in den darauf folgenden Jahren stets neu ange-
fachten Diskussionen über bestehende Energieversorgungs- und
Nutzungssysteme haben der Entwicklung verbesserter Energiebe-
reitstellungs- und Energienutzungstechniken zahlreiche Impulse
gegeben. Um in Zukunft eine weitgehende Versorgungssicherheit
und Versorgungsunabhängigkeit zu erreichen, ist insbesondere in
den OECD*-Staaten eine verstärkte Nutzung des Primärenergieträgers Kohle beabsichtigt.

Diese verstärkte Nutzung der Kohle, gekennzeichnet durch einen
höheren Verbrauch, soll nicht nur für den Bereich Strom- und
Wärmeerzeugung gelten, sondern auch für die Techniken der
Kohlenvergasung und Kohlenverflüssigung. Gerade von ihnen wird
für die Zukunft ein beachtlicher Beitrag zur Deckung des energetischen und nicht-energetischen Bedarfs erwartet.

Die Verfahrenstechnik verbesserter und neuer Kohlennutzungs-
techniken gilt weitgehend als gelöst, so daß aus dieser Sicht
keine Hemmnisse für einen Einsatz zu erkennen sind. Bei jeder
Art der Umwandlung fossiler Energieträger werden Stoffe oder
Stoffgruppen freigesetzt, die in unterschiedlicher Art auf die
Umwelt Einfluß nehmen können. Insbesondere wegen der umfassenden Industrialisierung nicht nur einzelner Länder sondern
ganzer Regionen ist die Auswahl und Verwendung energiebereit-

---

* OECD: Organisation for Economic Cooperation and Development
  Mitgliedsländer: Australien, Belgien, BR Deutschland, Däne-
  mark, Finnland, Frankreich, Griechenland, Großbritannien,
  Island, Irland, Italien, Japan, Kanada, Luxemburg, Nieder-
  lande, Neuseeland, Norwegen, Portugal, Spanien, Schweden,
  Schweiz, Türkei, USA

stellender und -nutzender Techniken nicht nur aus techno-ökonomischen sondern auch aus ökologischen Überlegungen von besonderer Bedeutung.

1.1 Die Weltenergieversorgung

Die heutige weltweite Energieversorgung beruht im wesentlichen auf der Nutzung fossiler Primärenergieträger. Seit Mitte der sechziger Jahre ist Erdöl zum wichtigsten Energielieferanten geworden und hat die Kohle abgelöst, die diese Position zuvor 80 Jahre lang eingenommen hatte. Erdöl wurde in großen Mengen zu günstigeren Preisen als Kohle gefördert, war einfacher zu transportieren, problemloser zu nutzen und bot dem Verbraucher vielseitigere Anwendungsmöglichkeiten. Innerhalb weniger Jahre trug es weltweit zu etwa 50 % zur Energiebedarfsdeckung bei, in einigen Ländern war dieser Beitrag sogar noch größer.

Mit der ersten Ölkrise von 1973/74 setzte beim Erdöl eine Preissteigerungsphase ein, die bis 1982 anhielt. Schubweise stieg der OPEC*-Richtpreis für 1 Barrel (159 Liter) Erdöl von 5 $ auf 34 $ an. Diese Entwicklung, die auf die Politik der OPEC-Staaten zurückzuführen ist, brachte nicht nur die finanzschwachen Entwicklungs- und Schwellenländer in wirtschaftliche Schwierigkeiten, sondern auch die Industriestaaten, die sehr stark von Erdöl und Erdölprodukten abhängig sind. Die durch die hohen Importe bedingten finanziellen Mehraufwendungen führten zu Verteuerungen, sinkendem Realeinkommen, verminderter Güternachfrage, zurückgehende Wirtschaftstätigkeit u.ä.

Als Reaktion auf diese Entwicklung wurden technische Verbesserungen und Neuerungen entwickelt, mit denen die angebotene Energie besser genutzt werden kann. Der Vergleich einiger ener-

---

* OPEC: Organization of Petroleum Exporting Countries;
  Algerien, Ekuador, Gabun, Indonesien, Irak, Iran, Kuwait,
  Libyen, Nigeria, Quatar, Saudi Arabien, Venezuela, Vereinigte
  Arabische Emirate

giewirtschaftlicher Kenndaten aus den Jahren 1973 und 1980
zeigt, daß sich die Veränderungen bereits zahlenmäßig erfassen
lassen (vgl. Tab. 1-1).

Tab. 1-1: Prozentuale Änderung energiewirtschaftlicher
Kennzahlen für die OECD-Staaten, 1973 zu 1980

Reales Bruttoinlandsprodukt (BIP)	+ 19
Primärenergieverbrauch (PEV)	+ 4
Ölbedarf	- 3
Ölimporte	- 14
PEV/BIP	- 13
Ölbedarf/BIP	- 20
Energiegewinnung in OECD	+ 13
- Erdöl	+ 9
- Kohle	+ 23
- Kernenergie	+206

Durch den Einsatz der neuen Techniken und das weltweite Be-
mühen, den Energieeinsatz zu verringern, konnte der Energiever-
brauchsanstieg verlangsamt werden. 1980 sowie 1981 blieb der
Verbrauch sogar unter dem Höchststand von 1979*. Die Ursache
für den Rückgang, so wird vermutet, liegt aber nicht allein an
"Energieeinsparmaßnahmen", sondern auch an der weltweiten wirtschaftlichen Rezession. Ein konjunktureller Aufschwung kann
wieder zu einer vermehrten Energienachfrage führen.

Neben dem Einfluß der Konjunkturzyklen auf den Weltenergiever-
brauch ist vor allem die Entwicklung der Weltbevölkerung von
großer Bedeutung. Bis zum Jahre 2000 wird die Bevölkerung um
weitere 2 Mrd auf etwa 6 Mrd Menschen ansteigen /1-4/. Selbst

---

* Verbrauchszahlen werden u.a. angegeben von der
  British Petroleum Company /1-1/
  1979   6939,0 Millionen toe   Esso AG /1-2/
  1980   6892,6 Millionen toe   1979   6152,2 Millionen toe
  1981   6848,8 Millionen toe   1980   6089,2 Millionen toe
                                      1981   6024,6 Millionen toe

bei Beibehalten des jetzigen Wertes für den Energieverbrauch-
Pro-Kopf, etwa $67 \cdot 10^9$J, muß daher eine Steigerung angenommen
werden. Ein Ausgleich des Ungleichgewichtes dieser Werte der verschiedenen Regionen (vgl. Tab. 1-2) ist dabei nicht berücksichtigt.

Es ist zweifelhaft, daß es gelingt, den Mehrbedarf allein durch
verbesserte Nutzungstechniken oder die Nutzung regenerativer
Energiequellen zu decken. Vielmehr ist anzunehmen, daß die bestehenden Versorgungssysteme ausgebaut und die fossilen Primärenergieträger stärker genutzt werden.

Tab. 1-2: Energieverbrauch pro Kopf, für 1979 /1-3/

	Bevölkerung Mio	Energieverbrauch pro Kopf 10^9 J
Länder mit niedrigem Einkommen	2260,2	13,5
z.B. China	964,5	24,3
Indien	659,2	7,0
(Pakistan, Indonesien etc.)		
Länder mit mittlerem Einkommen	985	35,9
z.B. Kenia, Marokko, Bolivien		
Marktwirtschaftliche Länder (OECD)	671,2	231,3
z.B. USA		361,9
Kanada		394,3
Bundesrepublik Deutschland		194,2
Planwirtschaftsländer	351,2	180,6
z.B. UdSSR, Polen		

Wegen der in jüngster Zeit angestiegenen Energiepreise wurde
mehrfach geäußert, daß diese Entwicklung ein baldiges "Auf-
gebraucht Sein" der fossilen Primärenergieträger bedeuten
müsse. Die veröffentlichten Ressourcen- und Reservezahlen
stützen diese Behauptungen nicht.

Ressourcen: vermutete anstehende Gesamtvorräte
Reserven: nachgewiesene und ausbringbare Mengen eines
            Rohstoffs, zu vorgegebenen technischen und
            wirtschaftlichen Bedingungen.

Die Ressourcen aller fossilen Primärenergieträger werden mit
etwa $360 \cdot 10^{21}$J beziffert. Davon gelten heute etwa $30 \cdot 10^{21}$J als
(nachgewiesene ausbringbare) Reserven. Diese Zahlen lassen
nicht erwarten, daß in naher Zukunft die Versorgung mit
fossilen Energieträgern zusammenbrechen wird. Hinzukommt, daß
mit Verbesserung und Neuentwicklung von Gewinnungstechniken
nachgewiesene aber noch nicht ausbringbare Reserven in die Kate-
gorie ausbringbare Reserven überführt werden. Die Verteilung
der Reserven auf die verschiedenen Energieträger läßt allerdings den Schluß zu, daß es zu Verschiebungen in den Marktan-
teilen der Primärenergieträger kommen wird.
Die Kohlenreserven nach obiger Definition werden mit $20 \cdot 10^{21}$J
angegeben /1-5/ und beinhalten sowohl die verschiedenen Stein-
kohlen- als auch Braunkohlensorten. Die regionale Verteilung
der Reserven (vgl. Tab. 1-3) zeigt, daß die Marktwirtschafts-
und Planwirtschaftsländer über fast 80 % der Weltkohlenreserven
verfügen.
Beim Erdöl stellt sich die Situation sehr viel ungünstiger dar,
hier sind es nur 20 % der Weltreserven, etwa $4 \cdot 10^{21}$J. Von
diesen 20 % liegen außerdem noch 12 % im Ostblock, so daß die
Marktwirtschaftsländer nur über knapp $0,3 \cdot 10^{9}$J Erdölreserven
verfügen.
Beim Erdgas ist die Situation ähnlich, die Gesamtreserven von
knapp $3 \cdot 10^{21}$J verteilen sich zu etwa 14 % auf die westlichen
Industrieländer, zu 30 % auf Ostblockländer, zu 7 % auf Mittel-
sowie Südamerika und zu 33 % auf die Regionen Mittlerer Osten
und Afrika.
Zu diesen als konventionell bezeichneten fossilen Primärenergie-
trägern kommen die unkonventionellen fossilen Primärenergieträger Ölschiefer und Teersande hinzu. Richtiger ist Öl aus
Ölschiefer und Teersanden denn nur das aus diesen Materialien
herausgewonnene Öl kann weiterverwendet werden. Dementsprechend
werden die Reserven auch auf das gewinnbare Öl bezogen und mit
$14 \cdot 10^{21}$J Öl aus Ölschiefer bzw. $5 \cdot 10^{21}$J Öl aus Teersand ange-

geben. Bisher wird der Abbau und die Gewinnung vereinzelt in
Kanada, den USA, der UdSSR und in China betrieben.

Tab. 1-3: Regionale Verteilung von Reserven fossiler
Primärenergieträger /1-5/

	Kohle 10^{21} J	Erdöl 10^{21} J	Erdgas 10^{21} J	Öl aus Ölschiefer Ölsand 10^{21} J
Nordamerika	5,7	0,2	0,31	2,1
Mittel + Süd-amerika	0,15	0,35	0,2	0,9
Westeuropa	2,3	0,09	0,1	0,01
Ostblock	6,1	0,45	0,9	0,3
Naher Osten + Afrika (ohne Südafrika)	0,2	2,6	1,0	0,14
Südafrika	0,7	0	0	0
Ferner Osten	0,5	0,09	0,08	0,09
VR China	2,9	0,1	0,03	keine Angaben
Australien	1,0	0,01	0,01	0

Die wichtigste Erdölförderregion* war 1981 erneut der Mittlere
Osten mit $35,2 \cdot 10^{18}$ J gefördertem Erdöl oder 27,3 % der 81er
Weltproduktion /1-1/. Gegenüber 1980 bedeutet dies mengenmäßig
ein Rückgang von etwa 15 %. Die Ursachen dafür liegen nicht
allein in dem Absinken der Weltförderung um 6 %, sondern auch
in der gestiegenen Förderung anderer Regionen. Z.B. Westeuropa,
das die Förderung gegenüber 1980 um 6,5 % auf $6 \cdot 10^{18}$ J in 1981
erhöhen konnte. In der UdSSR betrug die Förderung $27,2 \cdot 10^{18}$ J
(+ 1 %), in Nordamerika $24,8 \cdot 10^{18}$ J (-1,9 %), in Lateinamerika
$14,3 \cdot 10^{18}$ J (+ 6,8 %) und in Afrika $10,4 \cdot 10^{18}$ J (-22 %).

Die Erdgasproduktion betrug 1981 $61,7 \cdot 10^{18}$ J und übertraf damit
die Vorjahresproduktion um 2,7 % /1-1/. Die wichtigsten Förder-

---

* 1 mtr. t Braunkohle = 0,3 t SKE = 8,793 10^9 J
   1 mtr. t Steinkohle = 1   t SKE = 29,31 10^9 J
   1 toe   = 44,76 10^9 J

regionen waren Nordamerika mit 41,1 %, die UdSSR mit 29,9 % und
Westeuropa mit 11,4 % der Welterdgasförderung. Trotz großer
Reserven ist in den Ländern des Mittleren Ostens die Förderung
recht unbedeutend, da die örtliche Nachfrage sehr gering ist
und die teuren Ferntransportsysteme bei niedrigen Energieprei-
sen einer wirtschaftlichen Nutzung entgegenstehen.

1981 betrug die Weltkohlenförderung $90{,}81 \cdot 10^{18}$ J ($986520 \cdot 10^3$ mtr.t
Braunkohlen und $2802509 \cdot 10^3$ mtr.t Steinkohlen) /1-6/.
Die wichtigsten Fördergebiete sind in Tabelle 1-4 aufgeführt.

Tab. 1-4: Hauptkohlenförderregionen, 1981 /1-6/

	Braunkohlen 10^{18} J	Steinkohlen 10^{18} J
USA	0,4	20,2
UdSSR	1,4	15,9
China VR	–	17,5
Europäische Gemeinsch.	1,4	7,1
Polen VR	0,3	4,7
Südafrika	–	3,6
Indien	–	3,6
Australien/Neuseeland	0,2	2,0

Während die Beiträge, die Kohle und Erdgas zur Deckung des Weltenergiebedarfs liefern in den vergangenen Jahren angestiegen
sind, konnte der Anteil von Erdöl durch Einsparung und Substitution prozentual und mengenmäßig in den letzten zwei Jahren reduziert werden.

Dieser Trend entspricht den Bestrebungen, möglichst bald das
derzeit noch bestehende Mißverhältnis "Primärenergiereserven zu
Primärenergienutzung" auszugleichen (vgl. Tab. 1-5).

Tab. 1-5: Reserven (Stand 1980) und Förderung (Stand 1981)
fossiler Primärenergieträger /1-1, 1-5/

	Reserven		Förderung	
	10^{21}J	%	10^{21}J	%
Kohle	20	74	91	31
Erdöl	4	15	138	48
Erdgas	3	11	62	21

Um zu verhindern, daß die Erdölreserven in einigen Jahrzehnten
versiegen, sind Verschiebungen dieser Relationen erforderlich.
Der Anstoß dazu muß von den Industriestaaten ausgehen, denn sie
verfügen nicht nur über das notwendige "Know How" sondern auch
über eigene umfangreiche Kohlenvorkommen.
Die Wege und Techniken eines umfassenden Kohleneinsatzes sind
bekannt und teilweise auch erprobt. Abbildung 1-1 gibt einen
groben Überblick über mögliche Einsatzbereiche, die auch mit
Erdöl oder Erdölprodukten beliefert werden.

1.2 Umweltprobleme durch Energienutzung

Prinzipiell können sich durch Energieverwendung Umweltbelastungen durch

- Beeinträchtigung des Landschaftsbildes
- Landbedarf
- Lärm
- Abwärme
- Schadstoffemissionen

ergeben. Die schwerwiegendste Art der Umwelteinwirkung ist
zweifellos durch Abwärme und Schadstoffemissionen gegeben. Die
Wirkung der Schadstoffe in unserer Umwelt ist bis heute nur in
Teilbereichen quantifizierbar, da die Schadstoffemissionen über
sehr viele unterschiedliche Wege in die Ökosphäre bzw. zum
Menschen gelangen (vgl. Abb. 1-2).

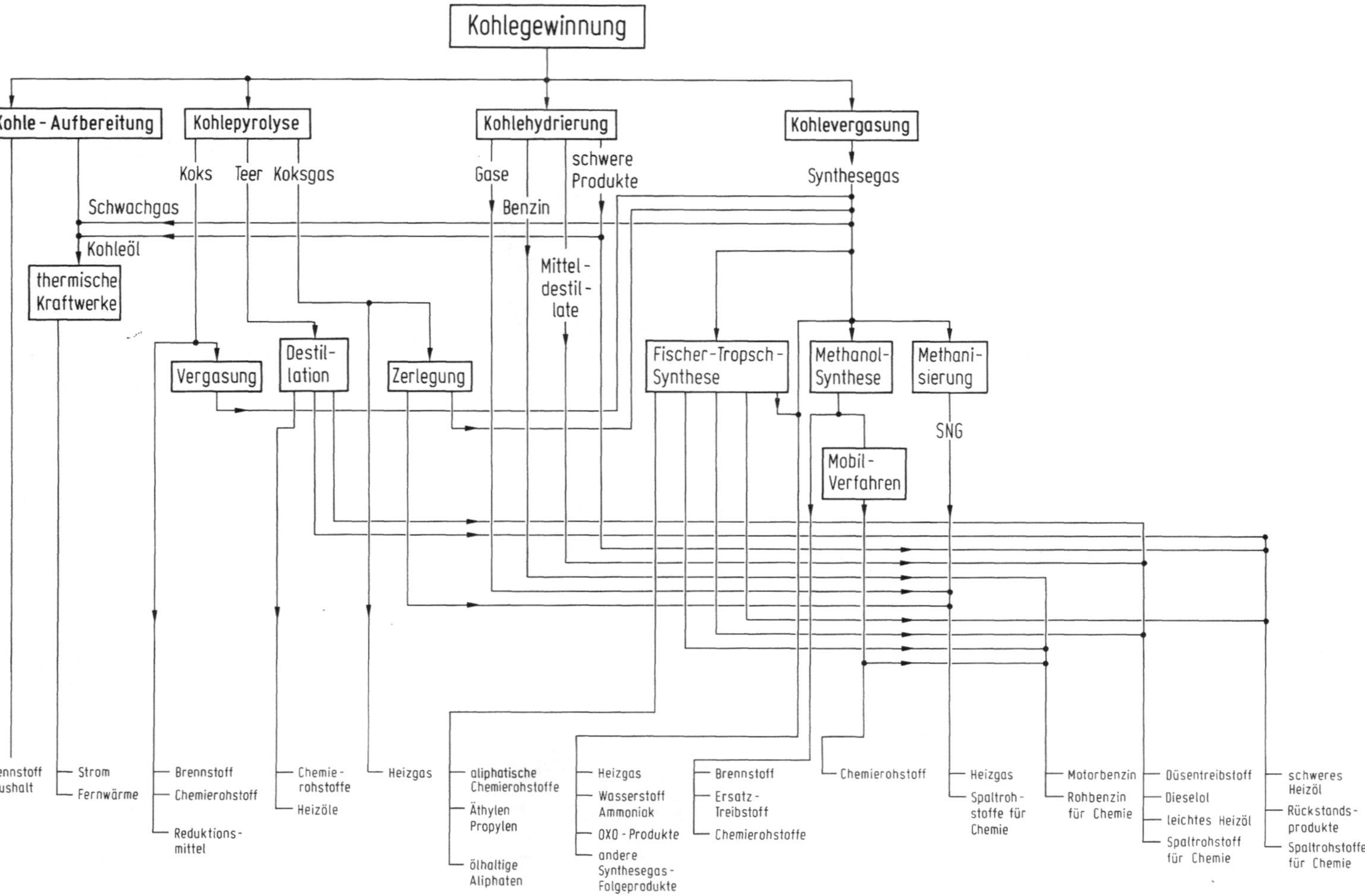

Abb. 1-1: Produktionsstruktur der Kohlenwirtschaft /1-7/

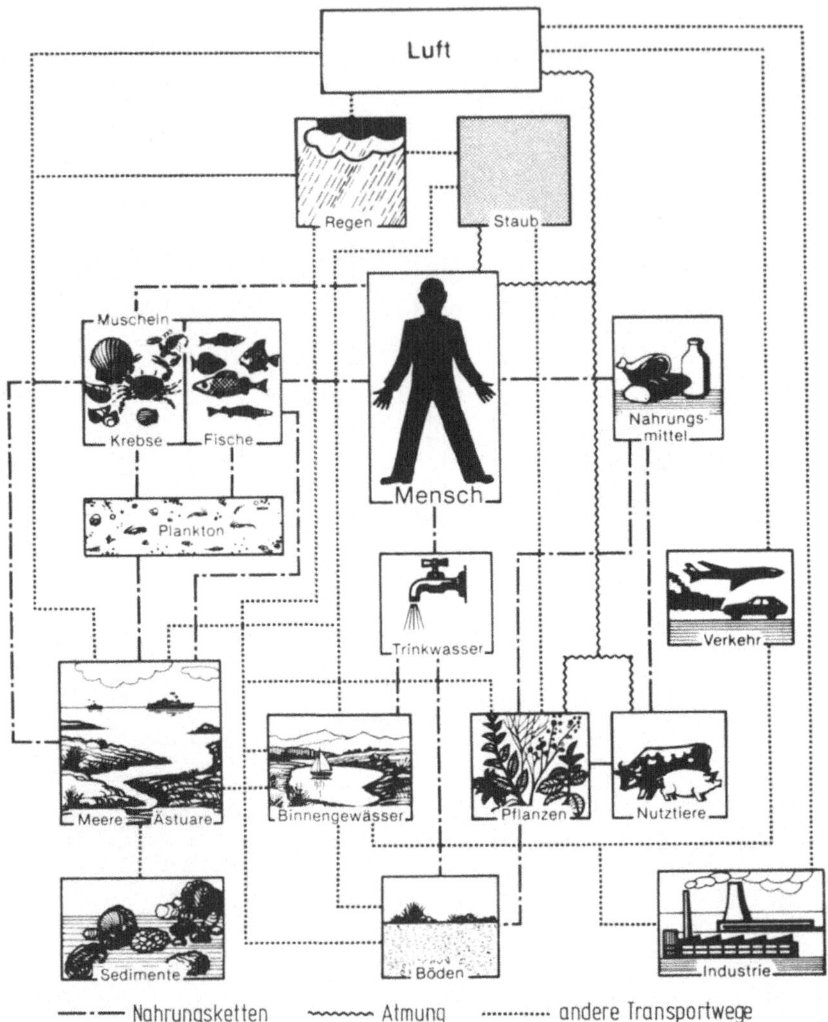

Abb. 1-2: Ingestionspfade von Schadstoffen aus der Umwelt zum Menschen, modifiziert nach Nürnberg, H.W. und u.a. /1-8/

Von den schadstoffintensiven Aktivitäten, hier als Beispiel Verkehr und Industrie, gelangen die Schadstoffe in die Ökosphäre und erreichen den Menschen über das Trinkwasser, die Nahrung oder direkt über die Atemluft. Aus der Art der Freisetzung, der Technologie und des jeweiligen Umweltbereiches ergeben sich verschiedene Problembereiche (vgl. Tab. 1-6).
Die Verschmutzung des Wassers erfolgt vorwiegend durch Abwässer aus der Industrieproduktion und aus Haushalten. Verschmutzungen

Tab. 1-6: Problemfelder der energetisch bedingten Umwelt-
einwirkungen

Umwelt-bereiche	Emissionen			
	Radioaktive Schadstoffe		Konventionelle Schadstoffe	Abwärme
	Normalbetrieb	Unfall		
Pedosphäre	Entsorgung von Kern-kraftw.	Risiko-analysen	Kraftwerks-abfälle	
Hydrosphäre	Kernkraftw. Wiederauf-arbeitungs-anlage		Kraftwerks-Industrie	Verdichtungs-räume
Atmosphäre			Kraftwerke Industrie Haushalt Verkehr	Kraftwerke

im Zusammenhang mit der Energieerzeugung sind eher von geringer
Bedeutung. Eine gewisse Belastung des Wassers tritt auf bei der
Aufbereitung der Kohle, der Kohleveredelung sowie bei der Erdöl-
verarbeitung. Ein weiteres Umweltproblem stellt die Abwärme-
belastung der Gewässer dar.
In die Atmosphäre werden konventionelle Schadstoffe und geringe
Mengen von Radionukliden emittiert. Während die durch die
emittierten radioaktiven Schadstoffe hervorgerufene künstliche
Dosisbelastung weit kleiner als die natürliche Strahlenbe-
lastung und daher vernachlässigbar ist, stellt sich dieses
Problem bei den konventionellen Schadstoffen und der Abwärme-
emissionen anders dar.

Hier ergeben sich sowohl kleinräumige (Abwärme) als auch globale Klimabeeinflussungen (CO_2-Problematik). Zunehmend Beachtung finden auch die sauren Depositionen und deren Folgen auf die Ökosysteme.

1.2.1 Energetisch bedingte Schadstoffemissionen

Den Zusammenhang und die Bedeutung der jeweiligen Emissionen und der Immissionsanteile der Emittentengruppen in einem Ballungsgebiet (Ruhrgebiet) verdeutlicht Abb. 1-3 am Beispiel des SO_2.

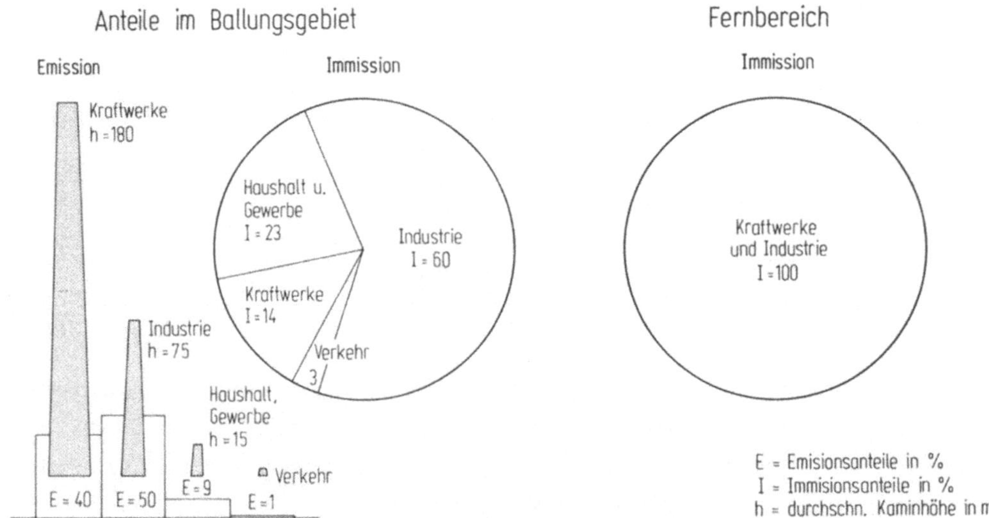

Abb. 1-3: Einfluß der Emittentengruppen des Ballungsgebietes auf die Immissionen im Nah- und Fernbereich /1-9/

Es ist erkennbar, daß durch hohe Schornsteine eine wesentliche Entlastung des Nahbereiches der Emittenten erreicht wurde, allerdings auf Kosten der Fernbereiche. Die Kraftwerke tragen trotz eines 40 %igen Anteils an den Gesamtemissionen mit 14 % zur Immission im Nahbereich bei, Haushalte mit einem Emissionsanteil von 9 % jedoch zu 23 %. Im Fernbereich werden die Immissionen durch weiträumigen Transport zu 100 % von Kraftwerken und Industriebetrieben verursacht.

Voraussetzung für weitere Maßnahmen zur Verbesserung der
Immissionssituation ist daher die Kenntnis der vergangenen und
zukünftigen Entwicklung der Emissionsmengen sowie der Anteile
der einzelnen Sektoren (vgl. Tab. 1-7).

Tab. 1-7: Jährliche Schadstoffemissionen in der Bundesrepublik
Deutschland /1-10/

Schadst.	Jahr	Jährliche Emissionen in 1000 to				
		Kraft.	Ind.	.Haush.	Verkeh	Total
SO_2	1970	1840	1380	630	80	3930
	1974	1940	1190	520	100	3750
	1978	2000	990	450	100	3540
NO_x	1970	820	690	130	820	2460
	1974	920	660	140	990	2710
	1978	940	580	140	1340	3000
Org.Verb.	1970	10	450	720	530	1710
	1974	10	480	710	570	1770
	1978	10	470	630	650	1760
CO	1970	30	1780	5400	5800	13010
	1974	30	1870	3100	6300	11300
	1978	30	1360	1700	6200	9290
Staub	1970	290	770	210	30	1300
	1974	190	590	130	30	940
	1978	170	460	60	30	720

Die emittierten Mengen an SO_2 und CO zeigten von 1970 bis 1978
eine leicht fallende Tendenz. Die Staubemissionen waren in
diesem Zeitraum stark rückläufig, während der Ausstoß an organischen Verbindungen nahezu konstant blieb. Einzig die NO_x-
Emissionen nahmen zu.

Eine zukünftige Verbesserung der Situation zeichnet sich insbesondere für SO_2, CO, organische Verbindungen und mit Abstrichen für NO_x ab.
Die SO_2-Emissionsminderung wird hauptsächlich im Kraftwerkssektor erfolgen, die Minderung der übrigen Schadstoffmengen hauptsächlich im Verkehrssektor. Dies hat zur Folge, daß einerseits der Fernbereich von SO_2 und andererseits der Nahbereich von CO-, C_mH_n- und NO_x-Emissionen entlastet wird.

1.2.2 Auswirkungen auf das Klima durch CO_2

Kohlendioxid (CO_2) entsteht bei der Verbrennung fossiler Brennstoffe sowie bei Verwesungsprozessen und ist ein natürlicher Bestandteil unserer Atmosphäre. Durch physikalische Austauschprozesse sowie biologische Vorgänge findet ein ständiger Kohlenstoff-Austausch zwischen den verschiedenen Umweltbereichen statt. Dadurch bildet sich in der Atmosphäre eine bestimmte CO_2-(Gleichgewichts-) Konzentrationen aus. Der CO_2-Anteil in der Luft beträgt ca. 0,03 %. Das CO_2-Molekül hat die Eigenschaft infrarote Strahlung zu absorbieren und den sichtbaren Teil der Sonnenstrahlung ungehindert passieren zu lassen. Eine Erhöhung des CO_2-Gehaltes der Atmosphäre führt daher zum "Treibhauseffekt" und damit zu einem Anstieg der Temperatur der unteren Atmosphäre und der Erdoberfläche.

Durch die Nutzung fossiler Brennstoffe in Kraftwerken, Heizungen, Verkehr etc. werden derzeit 5 Milliarden t Kohlenstoff pro Jahr als CO_2 freigesetzt. In Relation zum globalen Kohlenstoffkreislauf (vgl. Abb. 1-4) wird deutlich, daß der anthropogene Einfluß relativ gering ist. Dennoch wird seit längerem ein Anstieg des CO_2-Gehaltes in der Atmosphäre beobachtet (vgl. Abb. 1-5).
Die wiedergegebene Kurve wurde vom Observatorium Mauna Loa, Hawaii aufgenommen. Diese Station liegt in 3400 m Höhe, fast völlig ungestört von lokalen Einflüssen.
In den Meßreihen von 1880 bis 1900 lagen die CO_2-Konzentrationen bei einem Niveau von 290 ppm, inzwischen sind wir

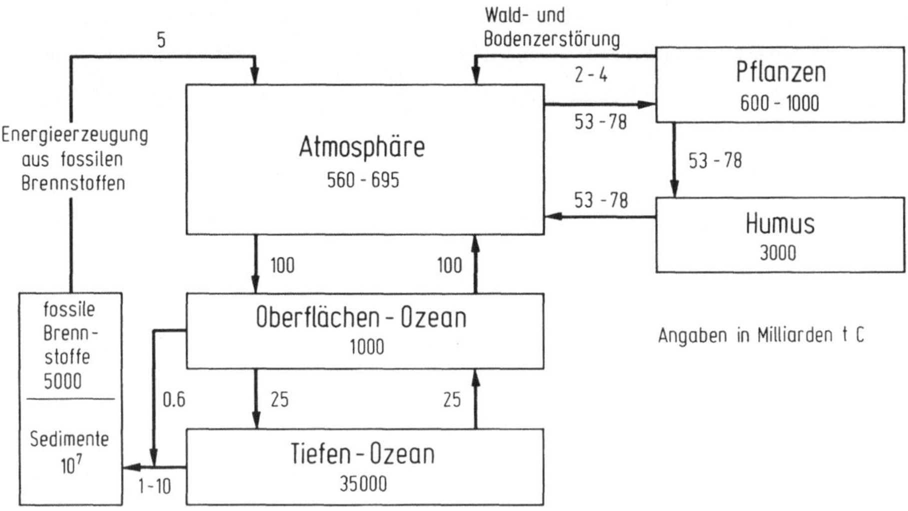

Abb. 1-4: Kohlenstoff-Kreislauf der Erde /1-11/

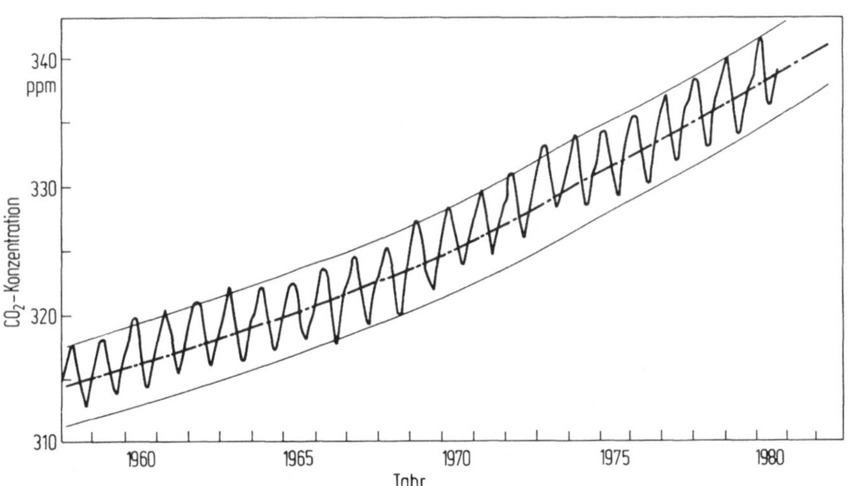

Abb. 1-5: Mittlere monatliche CO_2-Konzentration in der Atmosphäre, Station Mauna Loa, Hawaii /1-12/

über 314 ppm (ppm = 10^{-6} Volumenanteile) im Jahre 1957 auf ca. 340 ppm im Jahre 1982 angelangt. Der klar erkennbare Jahresgang zeigt, daß der atmosphärische CO_2-Gehalt vielfältigen Einflüssen unterliegt. Hauptursache der jahreszeitlichen Schwan-

kung der CO_2-Konzentration ist der Biorhytmus. Im Sommer ist
als Folge der verstärkten Photosynthese ein Absinken, im Winter
als Folge der CO_2-Freisetzung durch Zersetzung der abgestor-
benen Biomasse ein Anstieg des CO_2-Gehaltes der Atmosphäre zu
beobachten. Es lag nahe anzunehmen, daß der stete Anstieg der
CO_2-Konzentration in der Atmosphäre die Folge menschlicher Ein-
griffe ist. Die Entwicklung der anthropogenen CO_2-Emissions-
mengen ist hierbei seit Beginn des industriellen Zeitalters be-
merkenswert stetig und steigt im wesentlichen exponentiell an
(vgl. Abb. 1-6). Der Anstieg liegt außerhalb der Störungsperio-
den (Weltkriege) bei 4 %/a.

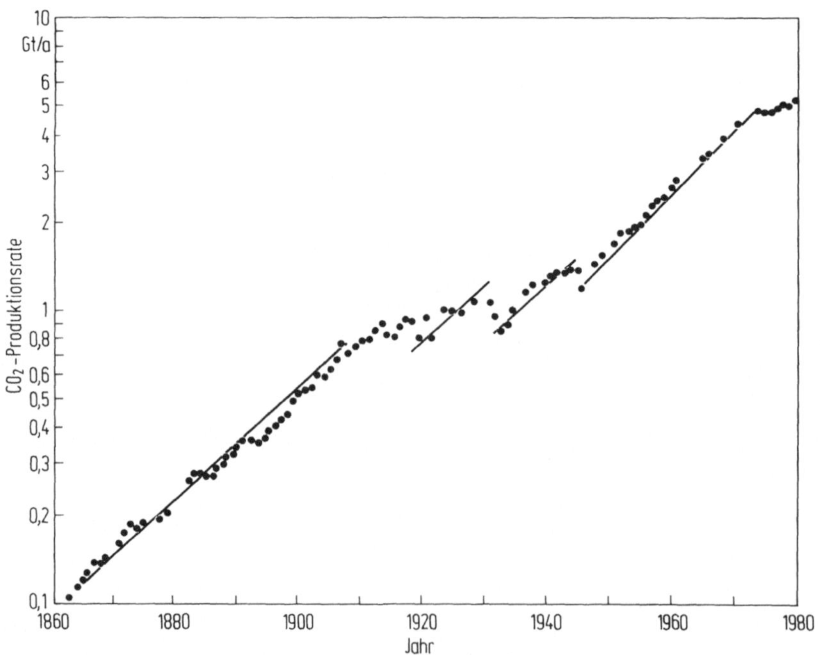

Abb. 1-6: CO_2-Produktion aus fossilen Brennstoffen /1-13/

Diese Zusammenhänge führten in der Vergangenheit zur Entwicklung zahlreicher Klimamodelle. Da in der Realität noch weitere
Prozesse ablaufen, die den CO_2-Effekt sowohl verstärken als
auch vermindern können, sind Aussagen bezüglich Klimaänderungen
nur eingeschränkt möglich.

Als weitgehend gesichert gilt:

- Die primäre Erwärmung der Atmosphäre durch Umwandlung von
  absorbierter Infrarotstrahlung in Wärme beträgt bei einer
  Verdopplung der CO_2-Konzentration in der Atmosphäre etwa
  0,5-1,2 °C.

- Die Folgen einer Erwärmung sind gegeben durch:
    - Rückgang des polaren Eises
    - Erhöhte Wasserverdunstung und verstärkte
      Wolkenbildung

Durch Rückkopplungen im Klimasystem (Wolkenbildung) wird die
Erwärmung der Atmosphäre verstärkt, so daß im Mittel bei
einer Verdopplung der CO_2-Konzentration in der Atmosphäre mit
einer Temperaturerhöhung von 2-3 °C gerechnet werden muß.
    -. Klimaänderung
      - Verschiebung der Niederschlagsgebiete
      - Verschiebung der Klimazonen
      - Anstieg des Meeresspiegels

- Diese Klimaänderungen bedeuten letztlich, daß
    - fruchtbare und für die Ernährung der Menschheit
      wichtige Gebiete unfruchtbar werden
    - unfruchtbare Gebiete fruchtbar werden
    - Ertragsminderung bei speziellen Nutzpflanzen
    - heute dichtbesiedelte Gebiete überschwemmt werden
    - damit globale Verteilungskämpfe verstärkt werden.

Andererseits ist festzustellen, daß erst jenseits eines CO_2-Ge-
haltes von 400 ppm eine Klimaänderung großen Ausmaßes zu erwarten ist. Das trifft in diesem Jahrhundert aller Voraussicht
nach nicht mehr ein. In diesem Jahrhundert werden also die
natürlichen Klimaschwankungen in ihrer Wirkung überwiegen.
Dennoch hat eine verantwortungsvolle Energiepolitik insbesondere auch im Hinblick auf die Zerstörung der tropischen
Wälder diese Zusammenhänge auch heute schon zu berücksichtigen
/1-14, 1-16/.

18

1.2.3 Saure Depositionen

Der pH-Wert von reinem Wasser, das im Gleichgewicht mit atmo-
sphärischem Kohlendioxid (CO_2) steht, liegt bei 5,6. Regen,
dessen pH-Wert kleiner als 5,6 ist, wird gewöhnlich als "Saurer
Regen" bezeichnet. Realistischer ist es jedoch davon auszugehen, daß der pH-Wert natürlicherweise unter 5,6 liegt ($\sim$ 5),
weil in der Atmosphäre neben CO_2 auch andere Stoffe wie SO_2,
NH_3, NO_x, SO_3 aus natürlichen Quellen vorliegen. Die in die
Atmosphäre emittierten Schadstoffe Schwefeldioxid, Stickstoffoxide lösen sich in den Wassertröpfchen von Nebel, Wolken sowie
Regen und bilden Säuren. Neben Säuren (3/4 Schwefelsäure, 1/5
Salpetersäure und etwa 1/20 Salzsäure) enthalten Niederschläge
noch weitere Schadstoffe (Schwermetalle, Salze und organische
Substanzen in geringen Konzentrationen).

In der Bundesrepublik wurde 1980 für Niederschläge ein durch-
schnittlicher pH-Wert von 4 ermittelt. Verantwortlich dafür ist
im wesentlichen die Politik "Der hohen Schornsteine". Damit
wurde zwar die Immissionssituation der Ballungsgebiete verbessert, dies jedoch auf Kosten der weiter entfernten Regionen.
Während die oben beschriebenen Tatbestände unbestritten sind,
sind die Folgen des "Sauren Regens" noch teilweise strittig.
Zunehmend Beachtung fand in der Vergangenheit die Versauerung
der Gewässer in den wald- und wasserreichen Gebieten Skandina-
viens, wo in den letzten 10-20 Jahren viele Seen ein Absinken
des pH-Wertes von ca. 6,5 auf 4 erlitten, mit der Folge, daß in
diesen Gewässern keine Fische mehr vorkommen. Im Zusammenwirken
mit falschen forstbaulichen Maßnahmen und **extremen klimatischen**
Perioden könnte das in neuerer Zeit häufigere Auftreten des
Waldsterbens eine weitere Folgewirkung des "Sauren Regen" sein.

Nach einer Erfassung der Waldschäden Mitte 1982 ist der
Schadensumfang schon erheblich. 7,7 % der Waldflächen in der
Bundesrepublik Deutschland sind schon geschädigt (vgl. Tab.
1-8), wobei die Schädigungen beim Tannenbestand mit 60 % am wei-
testen fortgeschritten sind (vgl. Tab. 1-9).

Tab. 1-8: Geschädigter Waldbestand gegliedert nach Bundesländern

Land	Geschädigte Fläche 10^3 ha	Anteil am Bestand %
Schleswig-Holstein	26	18
Niedersachsen	124	13
Nordrhein-Westfalen	72	9
Hessen	41	5
Rheinland-Pfalz	6	1
Baden-Württemberg	130	10
Bayern	160	7
Saarland	3	4
Bundesrepublik	562	7,7

Tab. 1-9: Geschädigter Waldbestand gegliedert nach Baumarten

Baumart	Bestand Mio ha	Geschädigte Fläche Mio ha	Geschädigter Anteil %
Fichte	2.93	0.27	9
Tanne	0.16	0.1	60
Kiefer	1.9	0.09	5
Buche	1.3	0.05	4
Eiche	0.6	0.02	4
Sonstige	0.4	0.03	4
Gesamt	7.29	0.56	7.7

Die Feststellung der Schäden erfolgte visuell. Man muß daher davon ausgehen, daß diese Angaben einen unteren Grenzwert darstellen, denn erst das fortgeschrittene Schädigungsstadium kann mit dem Auge erfaßt werden.

Nach heutigem Kenntnisstand können für das Waldsterben prinzipiell 2 unterschiedliche Wirkungsketten verantwortlich gemacht werden.

- Schädigung der Assimilationsorgane an der Blattoberfläche durch Luftschadstoffe (SO_2). Durch eine Vorschädigung der Kutikula und der Stomatafunktion kommt es zu Auswascheffekten (Mg, Ca) und über eine gestörte Photosynthese zu Wachstumsdefiziten und Wurzelrückbildung.
- Schädigung des Feinwurzelsystems durch Bodenversauerung. Entsprechend dem Ausstoß von Schadstoff durch Energienutzung in Kraftwerken, Industrie und Verkehr sowie den Ausbreitungsbedingungen findet ein Eintrag von Säure in Böden durch Deposition (naß, trocken, Interzeption) statt. Nach einer Phase vorübergehender Wachstumsförderung durch Akkumulation von Nährstoffen, besonders Stickstoff aus Luftverunreinigungen, kann nachfolgend eine Akkumulation von Säuren und in geringerem Umfang von Schwermetallen beobachtet werden. Weiter sinkender pH-Wert des Bodens führt zum Verlust von Nährstoffen und zu einer gestörten Mg- und Ca-Aufnahme. Ob auch toxische Effekte bei Erreichen des Aluminium-Pufferbereiches durch Freisetzung von Aluminium- und Schwermetallionen eine Rolle spielen, konnte bisher noch nicht geklärt werden. Die in der Folge auftretenden Wurzelschädigungen, durch Sekundäreffekte wie Schwächeparasiten (Pilze) verstärkt, führen zu einer Vitalitätsschwächung und im Zusammenhang mit anderen Faktoren (Klima) zum Absterben der Bäume. Die durch die Forstbewirtschaftung bedingte interne Selbstversauerung (Reinanbau von Baumarten mit schwer zersetzlicher Streu bei Fichte, Kiefer, Lärche; Gewinnung von Blattheu, Streunutzung) verstärkt die Versauerung. Der Anteil an der Gesamtversauerung wird auf etwa 1/4 geschätzt /1-17 - 1-19/.

1.2.4 Umweltbelastung durch Abwärme

Die Wärmebelastung der Umwelt ergibt sich aus der Summe der mittelbaren und unmittelbaren thermischen Emissionen (Abwärme).

Der Primärenergieverbrauch der Bundesrepublik Deutschland und
damit die Wärmebelastung der Umwelt betrug 1981 374,1 Mio t
SKE. Die Abwärmebelastung beträgt damit im Mittel etwa 1,2 %
der auf die Fläche der Bundesrepublik Deutschland einfallenden
mittleren jährlichen Sonneneinstrahlung. Lokal sind erheblich
höhere Werte möglich.
Für das Kerngebiet der Stadt München beispielsweise erreicht
der anthropogene Energieumsatz mit Spitzenwerten von 200 W/m²
(ca. 332 % der natürlichen Nettoeinstrahlung) eine Bedeutung,
die entscheidende Wirkungen auf das lokale Klima nehmen kann,
während mit zunehmendem Abstand zum Stadtkern die thermische
Belastung an Bedeutung verliert.
Besonders in Wintermonaten bilden sich über Städten oder
Ballungsgebieten durch die Überwärmung der Bebauungsgebiete
Wärmeinseln aus, gleichzeitig wird eine zum Stadtzentrum ge-
richtete Zirkulation ausgelöst. Sie verursacht eine Partikel-
und Schadstoffanreicherung in den unteren Luftschichten über
dem Stadtzentrum. Neben den gesundheitsschädigenden Wirkungen
der zum Teil hohen Aerosolkonzentrationen, erfolgt eine Minderung der Sonneneinstrahlung und eine Häufung konvektiver
Starkregen.

Aufgrund des thermodynamischen Prozesses der Erzeugung mechanischer Energie tritt in Wärmekraftwerken eine hohe Abwärmerate
(ca. 50 %) auf, die quasi-punktförmig emittiert wird. Zur Abführung der Wärme stehen die Frischwasser-, Naß- und Trockenkühlung zur Verfügung /1-20/.
Die wesentlichen Auswirkungen durch die Einleitung von er-
wärmten Kühlwasser in einen Fluß sind /1-21, 1-22/:

- Änderung des Kleinklimas
- Verminderung des Abflusses durch vermehrte Verdunstung
- Schnellerer Abbau vorhandener Abwasserbelastungen
- Veränderung des Sauerstoffgehaltes
- Änderung der Lebensbedingungen für Pflanzen u. Tiere
- Beeinflussung der Wasseraufbereitung u. -versorgung
- Erhöhung der Toxizität der in den Gewässern enthalte-
  nen Stoffe durch Erhöhung der Wassertemperatur
- Steigerung der Korrosionsschäden

Bei der Kreislaufkühlung (Kühltürme) erfolgt die Wärmeabgabe
direkt an die Atmosphäre. Die Kühlturmauswirkungen hängen sehr
stark von den atmosphärischen Bedingungen ab, wobei die Verhältnisse im Bereich der Luftschicht, die sich vom Boden bis etwa
1000 m über Grund erstreckt, von besonderer Bedeutung sind.
Über einem flachen Gelände, das häufig starken Winden ausgesetzt ist, sind über weite Gebiete hinweg gleichartige meteorologische Verhältnisse zu erwarten. In Gebieten mit starker topo-
graphischer Gliederung, wie sie in großen Teilen des mittel-
und süddeutschen Raumes anzutreffen sind, treten jedoch schon
in engbenachbarten Landschaften merkliche Unterschiede in der
vertikalen Verteilung der Lufttemperatur und des Windes auf.
Somit sind in diesen Gebieten auch unterschiedliche Auswirkungen auf das Klima zu erwarten /1-23, 1-24/. Mit Hilfe von Mo-
dellen (SAUNA) kann gezeigt werden, daß sich bei der Naßkühlung
die Temperatur- und Feuchteerhöhungen auf einen kleinen Raum
der Gesamtatmosphäre beschränken und die Änderung der Boden-
werte vernachlässigbar sind. Lärm, zusätzlicher Niederschlag
und Beschattung führen in unmittelbarer Umgebung von Kühltürmen
zu Belästigungen. Besondere Beachtung sind den das Landschafts-
bild störenden großen Kühlturmabmessungen zusammen mit den
sichtbaren Abluftfahnen zu schenken, die bei kalten und feuch-
tigkeitsreichen Wetterlagen über 15-20 km zu sehen sind. Prinzipiell können folgende Wirkungen durch Naß- und Trockenkühl-
türme hervorgerufen werden /1-25, 1-26/.

Ummittelbare Wirkungen

      Erhöhung der Lufttemperatur
      Zunahme der Luftfeuchtigkeit   (N)
      Schwadenbildung   (N)
      Beschattung   (N)
      Veränderung der Strahlungsbilanz   (N)
      Ablenkung der Windbewegung
in Sonderfällen:

      Niederschlag aus dem Schwaden   (N)
      Glatteisbildung   (N)
      Sichtverschlechterung in Bodennähe   (N)

Mittelbare Wirkungen

      Verbesserte Durchmischung
      Durchbrechen austauschbehindernder Inversionen

Ausbreitung von Kaminabluft
Anregung von Quellwolkenbildung
Verstärkung bestehender Niederschlagsneigung
Auslösung von Schauerniederschlägen und Ge-
wittern
Verlängerung der Andauer natürlichen Nebels   (N)
Verteilung von Beimengungen des Kühlwassers   (N)
Veränderung des bodennahen Windfelds
Einfluß auf überörtliche Klimaeigenschaften

(N) - Nur für Naßkühltürme zutreffend.

1.3 Zielsetzung

Mit dieser Ausarbeitung sollen die für die Umwelt bedeutungs-
vollen Daten wichtiger Prozesse der Kohlenwirtschaft erfaßt
werden, nicht nur um eine umweltbezogene Datenbasis für system-
analytische Arbeiten auf dem Gebiet der Energiewirtschaft aufzu-
stellen, sondern auch um Umweltauswirkungen zukünftiger Kohlen-
nutzungsstrategien im Sinne eines Technology Assessment be-
schreiben zu können.
Die Ergebnisse, insbesondere die Emissionsfaktoren, müssen
unter folgenden nicht immer quantifizierbaren Randbedingungen
gesehen werden:
- je nach Anlage können bei dem gleichen Verfahrensprinzip
  unterschiedliche Emissionsfaktoren auftreten, da sie von
  Anlagenalter, Auslastung, Kohlenqualität, Prozeßführung
  u.ä. abhängen. Die Angabe von durchschnittlichen Emissionsfaktoren für eine bestimmte Technik (z.B. bestehender Stein-
  kohlenkraftwerkspark) ist daher nicht unproblematisch.
- Für verschiedene Verfahren und Schadstoffe gibt es bislang
  noch keine Meßreihen, so daß es nicht sicher ist, ob diese
  Angaben oder Faktoren als repräsentativ für alle Anlagen
  dieser Art gelten können.
- Angaben zur Kohlenvergasungs- und/oder -verflüssigungsanlagen
  sind nicht zugänglich, da bisher mit einer Ausnahme, Sasol/
  Südafrika, keine Großanlagen betrieben werden. Die Übertragung von Daten aus Pilotanlagen ist wegen den andersartigen
  Betriebsbedingungen nicht zulässig, die Daten haben allen-
  falls richtungsweisenden Charakter.

2 Kohlengewinnung

2.1 Steinkohleuntertagebau

Steinkohle ist ein wichtiger heimischer Energieträger. Die
Reserven der Bundesrepublik Deutschland werden auf etwa
$7 \cdot 10^5$ PJ /2-1/ geschätzt. Gegenwärtig erfolgt der Abbau in
ca. 44 Zechenbetrieben.

2.1.1 Verfahrensbeschreibung /2-2/

Unter den in der Bundesrepublik Deutschland üblichen
Bedingungen, die mittlere Teufe liegt bei etwa 800 m, sind fast
ausschließlich Abbauverfahren mit langfrontartiger Bauweise
üblich. Bis zur mäßig geneigten Lagerung wird vorzugsweise der
Strebbau eingesetzt. In diesem Bereich ist eine vollmechanische
Gewinnung möglich. In der Bundesrepublik Deutschland werden je
nach Lagerung Leistungen von 4000 t/d je Streb erreicht.

Die Strebausrüstung besteht aus der Gewinnungseinrichtung, dem
Kettenkratzerförderer und dem Ausbau. Die Kohle wird durch
Kohlenhobel oder Walzenschrämlader gelöst. Der Kohlenhobel ist
ein meißelbestückter Stahlkörper mit Führung am Strebförderer;
er wird mit einer Kette am Kohlenstoß entlanggezogen und schält
bei jedem Durchgang mehrere Zentimeter vom Kohlenstoß ab
(schälende Gewinnung). Der Walzenschrämlader zieht sich auf dem
Strebförderer (Kettenkratzerförderer) an einer gespannten Kette
an der Abbaufront entlang. Er besitzt eine oder zwei
meißelbesetzte, rotierende und meist höhenverstellbare Schräm-
walzen mit horizontaler Drehachse (schneidende Gewinnung). Bei
beiden Gewinnungsverfahren wird die gelöste Kohle selbsttätig
auf den Förderer geladen.

Zum Schutz gegen hereinbrechendes Gestein muß der Strebraum durch Stützung der Gesteinschichten über dem Flöz ausgebaut werden.

80 % der gesamten Förderung kommen bereits aus Streben mit schreitendem hydraulischen Ausbau, der bei Betätigen der Steuerventile schrittweise dem Strebförderer nachrückt. Ein Viertel davon entfällt auf den Schreitausbau, der sich als modernste Variante des Strebausbaus in diesem Jahrzehnt stürmisch entwickelt hat. Er schirmt den Strebraum vollständig gegen das umgebende Gebirge ab. Während im Streb nur Kettenkratzerförderer in Gebrauch sind, wird die Kohle in den Abbaustrecken fast ausschließlich durch Gurtbandförderer transportiert. Anschließend wird sie an Zentralladestellen in Förderwagen geladen oder gelangt über Bandstraßen zum Förderschacht. 1974 waren im Steinkohlenbergbau der Bundesrepublik Deutschland Stetigförderer mit mehr als 1100 km Nutzlänge in Betrieb, davon 800 km Gurtbandförderer. Gleichzeitig dienten fast 2000 Lokomotiven der Förderung, der Fahrung (Personenbeförderung) und dem Materialtransport.

Eine ausreichende Bewetterung ist zur Versorgung der Belegschaft mit Atemluft, zur Verbesserung des Grubenklimas und zur Verdünnung und Beseitigung schädlicher Gase unabdingbar. Je 100 m Teufe erhöht sich die Gebirgstemperatur um 3 °C. Zur Schaffung erträglicher Arbeitsbedingungen reicht die Bewetterung allein vielfach nicht mehr aus, so daß Kühlanlagen erforderlich sind.

Ein besonderes Problem ist das Auftreten von Grubengas (CH_4), das in Konzentrationen zwischen 5 und 14 % explosibel ist (Schlagende Wetter). Durchschnittlich werden bei der Gewinnung je Tonne Kohle etwa 0,2 m³ Methan frei, zuweilen auch ein Mehrfaches davon. Da der höchstzulässige Methan-Gehalt in den Grubenwettern bergbehördlich zu 1 % festgelegt ist, bestimmt der Gaszustrom im Streb häufig die Leistungsfähigkeit der Abbaubetriebe. Deshalb wird das Grubengas in vielen Bergwerken aus Bohrlöchern im Flöz und im Nebengestein abgesaugt. 1974 wurden

auf diese Weise fast 300 Mio. m³ Methan gewonnen und verwertet
(vgl. 2-9 - 2-11).

Ein weiterer wichtiger Anlagenteil der Steinkohlengewinnung ist
die Aufbereitung. Diese ist notwendig, da die Rohkohle im
zutage geförderten Zustand nicht den Anforderungen der
Verbraucher entspricht. Sie enthält die verschiedenartigsten
Begleitmineralien und Verwachsungen; darüber hinaus unterscheidet sich die Kohlesubstanz der Förderkohle einer einzigen
Schachtanlage hinsichtlich ihres Verhaltens bei der Verkokung,
bei der Verbrennung im Kraftwerk und im Hausbrand oft erheblich. Vom Verbraucher werden aber gleichmäßige Produkte mit
genau festgelegten mittleren Eigenschaften verlangt.

Der Aufbereitung fällt damit die Aufgabe zu, die jeweils zur
Verfügung stehenden Rohstoffe mit möglichst geringem Aufwand so
aufzuarbeiten, daß der Verbrauchermarkt mit seinen unterschiedlichen Sorten-, Mengen- und Qualitätsanforderungen befriedigt
wird.

Den vereinfachten Verfahrensablauf einer modernen Aufbereitungs-
anlage für die Herstellung von etwa 90 % Kokskohle und 10 %
Kraftwerkskohle mit einer Aufgaberate von 1200 t Rohförder-
kohle/h zeigt Abb. 2-1.

2.1.2   Umweltrelevante Probleme

Bei der Bewetterung der Grube wird etwa die Hälfte des frei-
werdenden Methans der Athmosphäre zugeführt, wobei die Methan-
konzentration etwa 0,4 % beträgt. Der Wetterstrom beträgt pro t
Kohle etwa 40 m³. Bei der Aufbereitung von Steinkohle können an
zahlreichen Stellen staubhaltige Emissionen auftreten. Überall
dort, wo trockenes Gut gefördert oder zerkleinert wird, sowie
bei der Windsichtung und bei der Trocknung von Schlamm oder
Feinkohle. Die Abluft wird in Abscheidern gereinigt. Daneben
können staubförmige Emissionen durch Abwehungen von Halden ent-

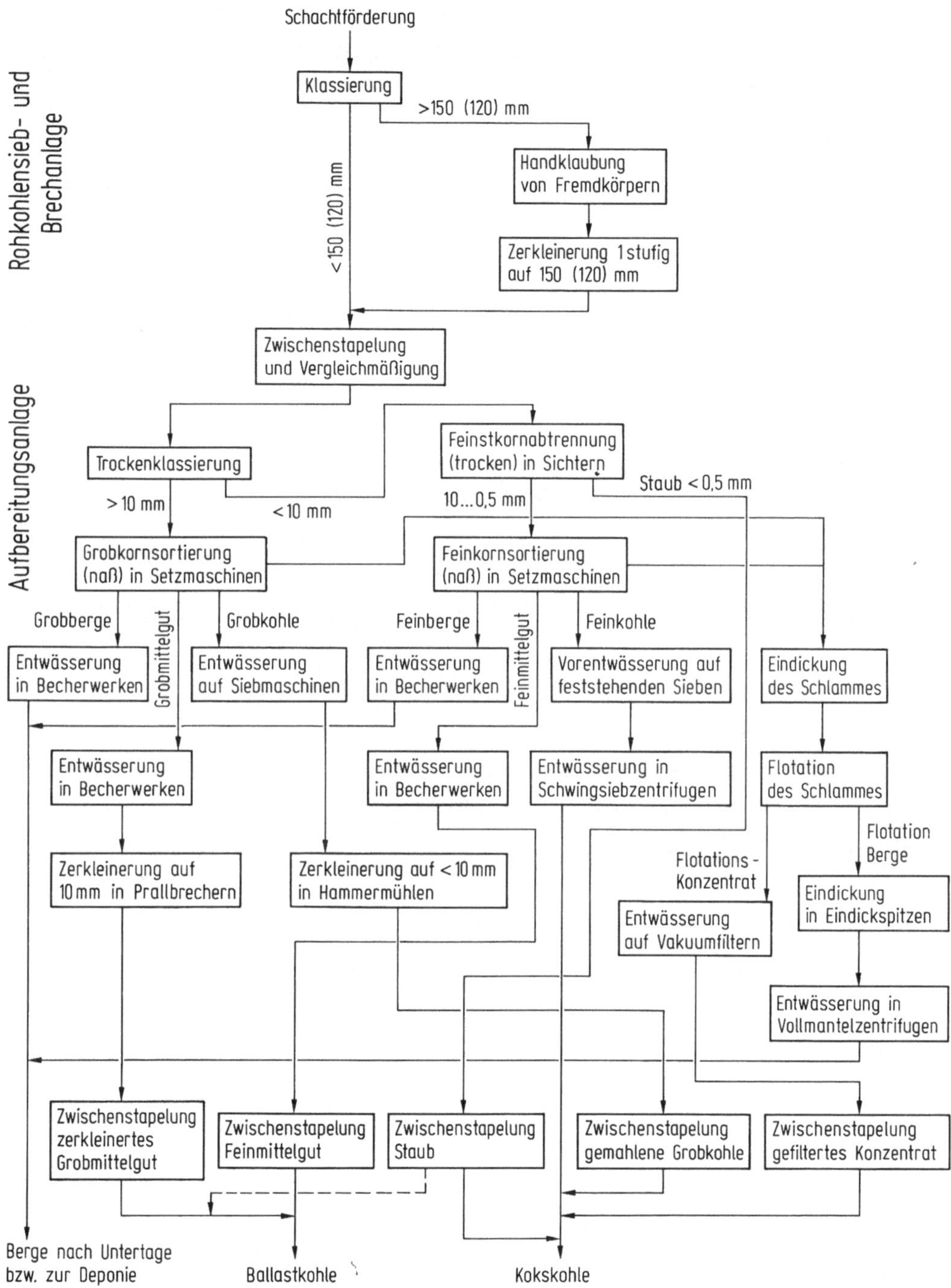

Abb. 2-1: Verfahrensablauf einer Kohlenaufbereitungsanlage /2-3/

stehen. Haldenabwehungen wird durch bepflanzte Wälle, bei Berge-
halden durch Beregnen sowie bei Feinkohlehalden durch Besprühen
mit Chemikalien begegnet.

Das in die Gruben eindringende Grundwasser muß gesammelt und zu
Tage gefördert werden. Diese Grubenabwässer sind unterschiedlich salzhaltig und tragen zur Salzbelastung der Flüsse bei.
Das Abwasser aus der Kohleaufbereitung ist mit mineralischen
und organischen Stoffen belastet.

Etwa 60 % der bei der Aufarbeitung anfallenden Waschberge
werden auf Halden gekippt. Neben den Abraumhalden ist bei der
Umweltbelastung auch an die Kohle- und Kokshalden zu denken.
Der Gesamtflächenbedarf beträgt etwa 1130 m²/TJa.

2.1.3   Technische Möglichkeiten zur Verminderung der Emissionen

Um den Staubauswurf in die Atmosphäre zu vermindern, kommen
verschiedene Entstaubungssysteme zum Einsatz, z.B. Zyklone,
Naßentstauber, filternde Entstauber oder Elektrofilter. Neue
Anlagen halten die in der VDI-Richtlinie 2293 /2-4/ genannten
Werte ein (Tab.2-1).

Tab. 2-1: Einhaltbare Reingasstaubgehalte nach VDI 2293 bei
Aufbereitungsanlagen für Steinkohlen /2-4/

Abluft aus der Ent-staubungsvorrich-tung für:	Staubkonzentration im Reingas	
	1961 (mg/m³)	1975 (mg/m³)
Raumluft	150	75
Sichtluft	150	75
Brüden	300	150

Das Abluftproblem kann daher als gelöst betrachtet werden.
Gruben- und Sickerwässer aus dem Steinkohlebergbau wurden in
der bundesdeutschen Wassergesetzgebung <u>nicht</u> als Abwässer ein-
gestuft. Eine Veränderung ist hier nicht zu erwarten. Die aus
der Aufbereitung anfallenden Kohlenwaschwasser werden nur
mechanisch geklärt. Eine Verbesserung dieser Reinigungsstufe
ist in nächster Zeit nicht zu erwarten.

2.1.4   Daten

Die Emissionsfaktoren sind bezogen auf 1 TJ geförderte Kohle

<u>Luft</u>

Staub	0,9 kg		/2-6/
C_nH_m [1]	2,05 kg	1974 und früher	/2-7/
	38,9 kg		/2-5/

<u>Wasser</u>

BSB_5 [2]	0,56 kg O_2		/2-8/
Wasserbedarf	34,1 m³		/2-8/

<u>Boden</u>

Deponie	9,2 kg		/2-7/
Flächenbedarf [3]	341 m²		/2-8/

[1] Kohlenwasserstoff

[2] Biologische Sauerstoffbedarf für 5 Tage

[3] Unter Einbezug der Felder oder Berechtsame. Dies sind
    Gebiete, die auf der Erdoberfläche vermessen, unter Tage
    abgebaut werden dürfen, wobei über Tage durchaus andere
    Nutzungen vorliegen können.

2.2 Braunkohletagebau

Die Niederrheinische Braunkohlenlagerstätte ist mit einem
Gesamtvorrat von 55 x 10^9 t das größte geschlossene Braun-

kohlenvorkommen in Europa. Sie erstreckt sich über eine Fläche
von 2500 km² zwischen Köln-Aachen-Düsseldorf.

2.2.1   Verfahrensbeschreibung /2-12/

Die Fördertechnik bei der Braunkohlegewinnung ist wesentlich
dadurch geprägt, daß bis auf unwesentliche Ausnahmen in Hessen,
die Kohle im Tagebau gewonnen wird. Der Zwang zu rationeller
Förderung bei großen zu bewegenden Massen führte zur Entwicklung und zum Einsatz von Großgeräten. Der Abtransport der Güter
erfolgt über Band und Gleis. Teufen bis zu 600 m sind im Tagebau realisierbar. Die erforderliche Absenkung des Grundwasserspiegels erfolgt durch Tiefbrunnen (Galerien) am Tagebaurand,
den Tagebausohlen und im Vorfeld. Im folgenden sind einige
wichtige Systembestandteile des Fördersystems beschrieben:
Bei der Entwicklung der Schaufelradbagger für 200.000 bis
250.000 fm³ Tagesleistung wurden sowohl der prinzipielle Geräteaufbau als auch die Hauptabmessungen der jüngsten 100.000er-Ge-
räte beibehalten. Der Geräteaufbau ist charakterisiert durch
die Dreiteilung der Gesamtanlage in Bagger-Verbindungsbrücke -
Beladegerät und die Dreiteilung des Baggers in Fahrwerksunter-
bau, festen turmartigen Mittelbau und drehbaren Oberbau, wobei
die Brücke seitlich am Unterbau verlagert ist.

Einige wesentliche Daten eines solchen Baggers sind in
Tab. 2-2 aufgeführt. Die Daten des Absetzers finden sich in
Tab. 2-3.

Der Einsatz optimaler Transportanlagen hat für die Wirtschaftlichkeit von Braunkohlentagebauen eine besondere Bedeutung, da
die Transportkosten relativ hoch sind.

Als Transportanlagen für die Systemleistung 200.000 bis 250.000
fm³/Tag werden sowohl für den Tagebau als auch für den Lang-
streckentransport zu den Außenkippen im wesentlichen Bandanlagen vorgesehen (Tab. 2-4).

Zugbetrieb wird es auch in Zukunft dort geben, wo geringe oder
stark schwankende Mengen in einem verzweigten Streckennetz von
mehreren Beladestellen zu mehreren Entladepunkten zu transportieren sind. Das trifft im Rheinischen Revier zu einem erheblichen Teil für die Kohletransporte zu den Verbrauchern zu.

Wegen der Problematik einer direkten Verladung des Förderstroms
eines 200.000er-Bagger in Züge werden im Bereich des Tagesbau-
drehpunktes Grabenbunker mit Aufnahmegeräten zwischen-
geschaltet.

2.2.2   Umweltrelevante Probleme

Die Tagebaumaßnahmen stellen in einem Gebiet mit einer
Einwohnerdichte von 410 Einwohnern pro km² mit hochwertigen
stark genutzten landwirtschaftlichen Nutzflächen und einem
dichten Netz von Verkehrswegen einen tiefen Eingriff in die
Umwelt dar. So werden bis zum Jahre 2000 insgesamt 30.000
Menschen umgesiedelt sein. Dies kann in Einzelfällen zu einer
erheblichen sozialen Belastung führen.

Im Tagebau können Staub- und Lärmemissionen auftreten. Eine
Abschätzung der Emissionsstärke ist nicht bekannt. Die Staubemissionen, die verstärkt im Bereich der Transportbandübergaben
sowie im Bereich des Schaufelradbaggers entstehen, werden durch
Wasser-Bedüsung überwiegend niedergeschlagen. Die Staubaus-
breitung wird durch Wasserschleier oder bepflanzte Schutzwälle
am Rande des Tagebaus überwiegend auf den Tagebau selber
beschränkt. Lärmemissionen treten überwiegend bei den Transportbändern auf. Durch Lärmschutzwände werden Anwohner davor geschützt.

Durch das erforderliche Abpumpen des Grundwassers am Tagebaurand durch Vertikalfilterbrunnen wird in einem weiten Einzugsbe-
reich der Grundwasserspiegel abgesenkt. Dadurch können Bodenabsenkungen durch Zusammendrücken der entwässerten Lockergesteine

Tab. 2-2: Technische Daten eines Schaufelradbaggers /2-12/

Baggerdaten	Einheit	200 000er
Kapazität	fm³/Tag	200 000-250 000
Stundenleistung	fm³	11 000- 13 000
Max. Förderstrom	lm³/h	18 000- 22 000
Größte Höhe	m	80
Größte Länge	m	225
Länge des Schaufel-radauslegers	m	70.5
Max. Hochschnitt	m	50
Max. Tiefschnitt	m	17
Abtragsbereich mit Stufeneinsatz	m	98
Blockbreite	m	90
Schaufelrad-durchmesser	m	22
Eimernenninhalt	m³	6.5
Gurtbreite der Gerätebänder	mm	3 200
Gurtgeschwindig-keit	m/s	3.8-5.2
Antriebsleistung Schaufelrad	kW	2 500 - 3 300
Gesamtinstall. Antriebsleistung	kW	14 000 -15 000
Dienstgewicht der Gesamtanlage	t	13 000
Breite der Raupen-platten	m	3.7
Gesamte Raupen-fläche	m²	790
Mittlerer Bodendruck	kp/cm²	1.7

Tab. 2-3: Technische Daten eines Absetzers /2-12/

Absetzerdaten	Einheit	200 000er
Kapazität	fm³/Tag	240 000 - 270 000
Stundenleistung	fm³	12 000 - 14 000
Max. Förderstrom	lm³/h	25 000
Größte Höhe	m	60
Größte Länge	m	180
Länge des Abwurf-auslegers	m	100
Länge des Übernahme-auslegers	m	80
Max. Schütthöhe	m	40
Normale Schüttiefe	m	60 - 70
Gurtbreite der Gerätebänder	mm	3 200
Gurtgeschwindig-keit	m/s	5.2 - 8,0
Antriebsleistung des Förderweges	kW	6 500 - 7 000
Gesamtinstall. Antriebsleistung	kW	8 500
Dienstgewicht	t	4 700
Mittlerer Bodendruck	kp/cm³	1.7

Tab. 2-4: Daten einer Bandanlage /2-12/

Bandanlagendaten	Einheit	200 000er
Gurtbreite	mm	3 000
Gurtgeschwindigkeit	m/s	6.0
Max. Förderleistung	lm³/h	24 000
Max. Förderleistung	t/h	39 000
Antriebsleistung	kW	6 x 1 500
Gurtqualität	-	St 5 400
Gurtzug beim Anfahren	t	270
Gurtzug im Betrieb	t	225
Länge der Antriebsstation	m	85
Systemlänge der Gerüste	m	7.5
Gewicht der Antriebsstation	t	600-800
Gewicht eines Gerüststoßes	t	5.2

entstehen, was wiederum zu Bergschäden an Gebäuden und anderen
Bauwerken führen kann. Die Angaben über die Menge des abgepump-
ten Wassers liegen bei 10-16 m³ pro t Braunkohle.

Das Abraum-Kohle-Verhältnis wird sich von derzeit ca. 3 m³/t
auf etwa 5 m³/t im Jahre 2000 vergrößern. Gesetzliche Bestim-
mungen verlangen nach Schließung eines Tagebaus die Rekultivie-
rung der beanspruchten Fläche. Die Abbaufolge wird daher so
gesteuert, daß mit den bei Aufschluß der neuen Tagebaue geförderten Abraum die Resträume auslaufender Tagebaue verfüllt
werden. Der Braunkohlenbergbau hat bisher 188 km² Land in
Anspruch genommen, davon wurden 127 km² rekultiviert. Die
Rekultivierungsflächen werden zu 44 % forstwirtschaftlich und
zu 43 % landwirtschaftlich genutzt. Der Flächenbedarf wird
während der Förderung mit 29 m²/1000 t Kohle angegeben.

Seitdem Erdgas das bevorzugte Brenngas für Haushalt und
Industrie ist, hat die Stadt- und Ferngaserzeugung aus Kohle
und flüssigen Brennstoffen nur noch untergeordnete Bedeutung.

Die trotz der getroffenen Maßnahmen in der Nachbarschaft von Tagebauen auftretenden Staub- und Lärmimmissionen müssen ebenso wie die durch die Grundwasserabsenkung bewirkten Ertragsminderungen bei landwirtschaftlichen Produkten im Interesse einer volkswirtschaftlich günstigen Energieversorgung hingenommen werden, da eine weitere Absenkung dieser Immissionen nur noch mit unverhältnismäßig hohen Kosten möglich erscheint.

3 Kokerei, Ortsgaswerke

Wegen der Substitution des Kokses durch Öl im Bereich Haushalt
und Kleinverbrauch sowie im Bereich Industrie ging die Nachfrage so stark zurück, daß eine Reihe von Kokereien stillgelegt
werden mußten. Heute wird rund 83 % des erzeugten Kokses in der
eisenschaffenden Industrie vorwiegend als Reduktionsmittel eingesetzt. Wegen der weiter anhaltenden wirtschaftlichen Stagna-
tion dieses Industriezweiges begnügen sich die verbliebenen
Kokereien damit, bestehende Anlagen auszubessern und neue Batterien nur im Zuge unumgänglicher Ersatzinvestitionen zu errichten. Aus diesem Grund sind die bestehenden Kokereien zum
großen Teil überaltert, denn bereits 40 % der Anlagen haben die
zugrundegelegte Lebensdauer von 25 Betriebsjahren bereits erreicht; bis 1985 werden es etwa 70 % sein. In den anderen westlichen Industriestaaten liegen diese Werte in ähnlicher Größenordnung /3-1/.

Seitdem Erdgas das bevorzugte Brenngas für Haushalt und
Industrie ist, hat die Stadt- und Ferngaserzeugung aus Kohle
und flüssigen Brennstoffen nur noch untergeordnete Bedeutung.
Die früher auf Stadtgaswerken übliche Hochtemperaturentgasung
ist heute fast völlig verschwunden /3-10/.
Vergasungsrohstoffe für die Stadtgaserzeugung waren sowohl
feste als auch flüssige und gasförmige Brennstoffe. Vor-
herrschend waren flüssige Kohlenwasserstoffe, anfangs besonders
das Heizöl, später Benzin. Aber auch Kohle wurde verwendet; so
wird z.B. die Stadt Zwickau seit den 30er Jahren bis zum
heutigen Tage durch eine Kohledruckvergasung mit Stadtgas
versorgt.

Die Gaserzeugung aus Kohle in den Ortsgaswerken kann in zwei
Verfahrensschritte unterschieden werden:

- Entgasung der Kohle in Kammeröfen.
  Diese Stufe ist weitgehend identisch mit dem
  Kokereiprozeß.
- Vergasung des Kokses in der Koksofenkammer oder in
  nachgeschalteten Generatoren zu Wasser- bzw.
  Generatorgas.

Da diese Art der Gaserzeugung für die Zukunft keine Bedeutung
haben wird, erscheint es für die Vergangenheitsbeschreibung
ausreichend, die Emissionsdaten der Kokereien zu verwenden.

3.1 Verfahrensbeschreibung

Wird Steinkohle unter Luftabschluß bis etwa 1000 °C erhitzt,
findet eine thermische Umwandlung statt, die als Verkokung,
Entgasung oder trockene Destillation bezeichnet wird. Während
dieses Prozesses werden die "Flüchtigen Bestandteile" der Kohle
ausgetrieben und man erhält als Endprodukte Koks und Gas. Im
Gas sind noch mehrere Nebenprodukte enthalten, vor allem Teer,
Schwefelverbindungen, Ammoniak und Benzol.

Entsprechend der Verkokungstemperatur unterscheidet man 3 verschiedene Koksarten:

- Tieftemperatur- oder Schwelkoks
  400 - 600 °C
- Mitteltemperaturkoks
  650 - 800 °C
- Hochtemperaturkoks
  oberhalb von 900 °C .

In der Bundesrepublik Deutschland wird praktisch ausschließlich
die Hochtemperaturverkokung von Steinkohle im Horizontalkammer-
ofen durchgeführt. Eine Kokereianlage, die nach diesem
Verfahren arbeitet, besteht im wesentlichen aus:

- Kohlenaufbereitungsanlage einschließlich Mahl- und
  Mischanlagen
- Koksofenanlage einschließlich Füllwagen, Druckmaschine
  Kokskuchenführungswagen und Kokslöscheinrichtung
- Kohlenwertstoffgewinnungsanlage einschließlich Teer-,
  Gas- und Nebenproduktgewinnung.

In der Kohlenaufbereitungsanlage werden die angelieferten
Kohlensorten gemischt und gemahlen. Die fertig gemahlene
Kokskohlenmischung wird im Kohlenturm gebunkert, von dort durch
den Kohlefüllwagen abgezogen und in den jeweiligen Ofen ein-
gefüllt.

Der Energieverbrauch im Bereich der Kohlenaufbereitung
beschränkt sich auf den Antrieb von Kohlemühlen, Mischwerken
und Transportbändern. Der Anteil am Gesamtenergieverbrauch
einer Kokerei ist gering.

Die Koksofenanlage ist das Kernstück der Kokerei; sie besteht
im wesentlichen aus

- den Koksofenkammern mit Heizkammern und Regeneratoren,
  dem Gaszuführungs- und -steuersystem
- der Maschinenanlage zum Füllen der Koksöfen, zum Aus-
  drücken des garen Kokses aus der Ofenkammer und zum
  Löschen des ausgedrückten glühenden Kokses.

Die meisten der derzeit in der Bundesrepublik betriebenen
Koksöfen haben Kammerabmessungen von 0,45 m mittlerer Breite,
14 m Länge und 4 m Höhe. Moderne Großraumöfen erreichen Längen
von 16,5 m und Höhen zwischen 7 und 8 m, bei 0,45 Kammerbreite.
Die Beheizung der Koksofenkammern erfolgt indirekt über Heizkammern, die jeweils direkt neben den Ofenkammern liegen.

Als Heizgas wird entweder gereinigtes Koksofengas (Starkgas) oder Gichtgas bzw. Generatorgas (Schwachgas) verwendet. Ofenkammern und Heizkammern wechseln sich entlang einer Batterie ab. Eine Batterie wird aus einer größeren Anzahl von Koksofen- und Heizkammern gebildet. Die vordere und hintere Stirnseite jeder Kokskammer ist durch Türen verschlossen, die vor dem Drücken des Kokses von der Koksdruckmaschine aus bzw. vom Kokskuchenführungswagen aus mechanisch entriegelt und abgehoben werden.

Auf der Koksseite übernimmt der Kokskuchenführungswagen das mechanische Abheben und Wiedereinhängen der koksseitigen Türen und gegebenenfalls das Reinigen der Türdichtungen und -rahmen. Beim Koksdrücken leitet der Kokskuchenführungswagen den gedrückten Koks auf den Löschzug über, der sich während des Drückens langsam an der Kokskuchenführung vorbeibewegt, so daß es zur gleichmäßigen Verteilung des heißen Kokses auf dem Löschwagen kommt. Der Löschzug fährt nach der Aufnahme des Kokses zum Löschturm, wo der heiße Koks durch Wasser, das aus Löschdüsen austritt noch auf dem Löschzug gelöscht wird. Der entstehende Dampf zieht durch den Löschturm ins Freie ab. Nach dem Löschen bringt der Löschzug den gelöschten Koks zur Koksrampe. Von dort erfolgt der Transport über Förderbänder zur Kokssieberei /3-2/.

Kohlenwertstoffgewinnungsanlage /3-3/

Für die zweckmäßigste Gestaltung und Durchführung der Gasaufbereitung kann kein starres System angegeben werden, da für jedes Werk verschiedenartige Voraussetzungen hinsichtlich der Platzverhältnisse, der mengen- und kostenmäßig zur Verfügung stehenden Hilfsstoffe, der Absatzverhältnisse für die Kohlenwertstoffe, der Abgabebedingungen für das Gas und der Beschaffenheit des Vorfluters vorliegen.

Die Menge und Zusammensetzung der Kokereiteere hängt weitgehend von der verwendeten Kokskohle und den gewählten Verkokungsbedingungen ab. Die Teermenge beträgt 2,0 - 5,5 % der trockenen

Kohle. Zur möglichst vollständigen Abscheidung der teerigen
Bestandteile aus dem Rohgas sind heute Elektrofilter in
Betrieb, die bei einem Energieaufwand von rund 1 kWh/1000 m^3
Gas (Normvolumen) die Teernebel bis auf 0,1 - 1,0 g/100 m^3
(Normvolumen) abscheiden. Abb. 3-1 zeigt ein mögliches Ver-
fahrensschema für die Koksofengasbehandlung von Rohgas bis zum
gereinigten Ferngas.

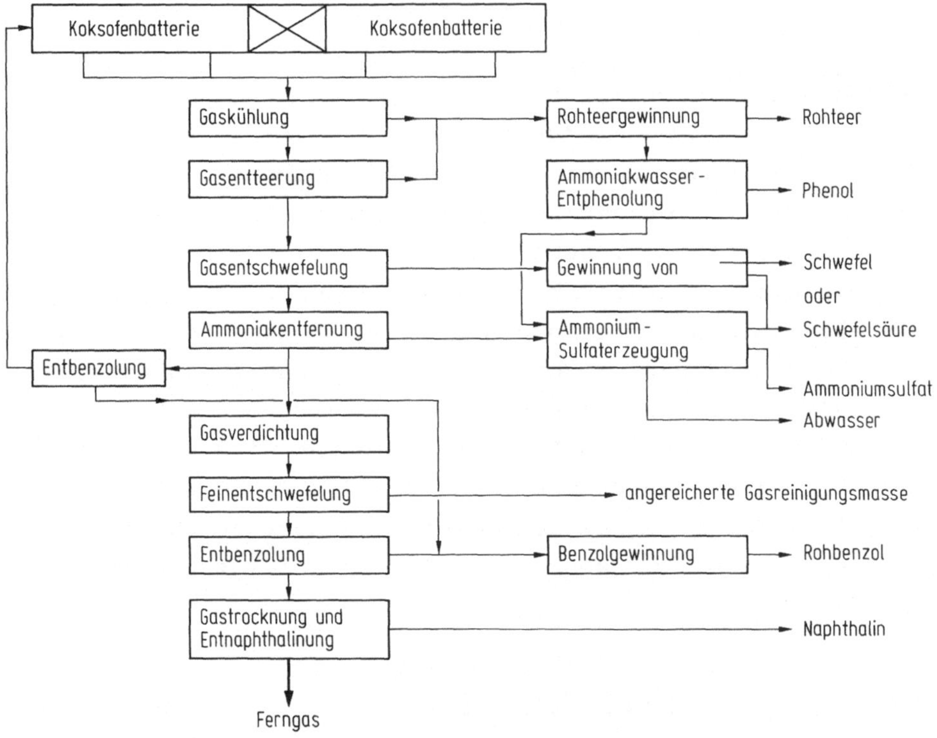

Abb. 3-1: Verfahrensschema für eine Koksofengasbehandlung /3-3/

3.2 Umweltrelevante Probleme

Ein Kokereibetrieb ist gekennzeichnet, durch eine Vielzahl von
Emissionsquellen, sowie einer großen Anzahl möglicher Schadstoffe. Von herausragend arbeitsmedizinischer Bedeutung ist
hierbei die Emissionsminderung von kancerogenen Schadstoff-

emissionen wie Benzol, Phenol, Benzo-a-pyren, 4-Aminodiphenyl, Benzidin, 2-Naphtylamin.

Nach /3-4/ starb, je nach Einsatzbereich, jeder 6. - 9. Kokereiarbeiter an einem Karzinom der Atmungswege. Darüber hinaus wurde bei den direkt am Ofen beschäftigten Personen sowie bei den Rohrnetzarbeitern signifikant häufigere Harnwegs- karzinome festgestellt.

Der PAH-Gehalt in Steinkohlenteer schwankt in weiten Konzen- trationsbereichen und ist von vielen Einflußgrößen, nämlich Einsatzkohle, Füllverfahren, Verkokungsbedingungen, Bauart, Alter etc., abhängig. In /3-4/ wird ein Konzentrationsbereich von 150 - 5000 ppm angegeben.

Ein weiteres Problem ist durch die Geruchsbelästigung des Kokereibetriebes gegeben. Bei der Verkokung der Steinkohle unter Luftabschluß bildet sich aus deren Elementarbestandteilen Kohlenstoff, Wasserstoff, Sauerstoff, Stickstoff und Schwefel eine große Anzahl von organischen und anorganischen Stoffen, die im Koksofengas, in Waschflüssigkeiten, in Gaskondensaten und in den erzeugten flüssigen Produkten, Rohbenzol, Phenol, Teer und Ammoniakwasser vorhanden sind. Hinsichtlich der Geruchsintensität kommt die größte Bedeutung aus der Vielzahl der Stoffe dem Schwefelwasserstoff, dem Schwefelkohlenstoff, den Mercaptanen, dem Ammoniak, dem Naphthalin und dem Phenol zu. Die übrigen geruchsintensiven Stoffe, die gleichzeitig mit den charakteristischen Komponenten auftreten, können bei der Betrachtung als weniger relevant ausgeklammert werden /3-12/.

Einige der kokereitypischen Komponenten sind geruchlich schon bei extrem niedrigen Konzentrationen in Luft wahrnehmbar. In der Literatur werden die Geruchsschwellen wie folgt in ppm (cm³/m³) angegeben: Mercaptane 0,00006 bis 0,0085, Schwefel- wasserstoff 0,001 bis 0,014, Naphthalin 0,03 Phenol 0,7 bis 5, Schwefelkohlenstoff 0,01 und Ammoniak 0,04 bis 55 /3-13, 3-14/.

Eine Untersuchung, welche 1970 im Auftrag des Landesoberberg- amts Nordrhein-Westfalen durchgeführt wurde, erbrachte als

wesentliches Ergebnis, daß praktisch die Intensität des durch
eine Kokerei hervorgerufenen Geruchs in Entfernungen von über
750 m wesentlich abgeschwächt und daß über 1000 m Entfernung
der Kokereigeruch kaum noch wahrnehmbar ist. Unter 500 m Entfernung wurde der Kokereigeruch in Lee fast immer deutlich
wahrgenommen /3-15/.

Da Wohngebiete und Industrieanlagen im Ballungsraum Ruhrgebiet
historisch bedingt eng miteinander verzahnt sind, sollten be-
trieblicherseits geeignete Maßnahmen getroffen werden, um Ge-
ruchsbelästigungen auf das mögliche Mindestmaß zu reduzieren.

Entsprechend der verschiedenen Arbeitsvorgänge bei der
Kokserzeugung können die Emissionsquellen einer Koksofenanlage
in drei Gruppen eingeteilt werden:

   Staubemissionen aufgrund des Kohleumschlages und
   der Kohlenvorbereitung;

   Bei der Verkokung verursachte Emissionen von Stäuben,
   Gasen und teerhaltigen Dämpfen (Beschickung der Koksöfen,
   Verkokungsvorgang, Koksdrücken, Kokslöschen, und Beheizung
   der Koksöfen);

   Staubemissionen, die durch Anlagen zum Kokstransport und
   durch Kokssiebereien hervorgerufen werden.

Angaben über die Menge der einzelnen Emissionen sind sehr unterschiedlich. Das ist allerdings auch nicht anders zu erwarten,
da die feststellbaren Mengen an luftverunreinigenden Substanzen
abhängig sind von vielen Faktoren, wie z.B. vom Meß- und Aus-
wertverfahren, von der verwendeten Kohle und ihrer Aufmahlung,
vom Füllverfahren, also Schütt- oder Stampfbetrieb, von den
Verkokungsbedingungen, von der Bauart, dem Alter und Wartungs-
zustand der Ofenanlage und der vor- und nachgeschalteten Ein-
richtungen sowie von der Gasart für die Beheizung der Koksöfen,
also Koksofengas,Gichtgas, Raffineriegas oder Flüssiggas-Luft-
Gemisch /3-3/.

Neben den Emissionen, die bei der eigentlichen Koksproduktion
anfallen, sind noch die Emissionen, die bei der Kohlenwertstoff-
gewinnung anfallen, zu berücksichtigen.

Als allgemeine Emissionsquellen müssen Pumpenentlüftungen,
Probenentnahmen, Entspannungs- und Entleerungssysteme angesehen
werden. Bei der Lagerung von Stoffen, die toxische Substanzen
wie z.B. Benzol enthalten, sind Festdachtanks mit Zwangs-
beatmung vorzusehen und die anfallenden Gase dem Gassammel-
system gefahrlos zuzuleiten (z.B. vor Gassauger) oder durch
Verbrennung wirksam zu beseitigen. Der Austritt kohlenwasser-
stoffhaltiger Emissionen von Roh-, Zwischen- und Fertigpro-
dukten mit einem Dampfdruck über 13 mbar bei der Temperatur
20 °C und geruchsintensiver Produkte mit geringerem Dampfdruck ist bei der Verladung auf Schienen- oder Straßenfahrzeuge
durch Maßnahmen wie Gaspendelsysteme, Rückführung der Gase in
das Gassystem, Absaugung und Beseitigung durch Absorption, Adsorption oder Verbrennen zu vermeiden.

Da die TA-Luft vorsieht, daß für Kohlenwertstoffanlagen die
gleichen Richtlinien gelten sollen wie für die Mineralölindustrie, ist für Maßnahmen zur Begrenzung der Emissionen u.a.
auch die VDI-Richtlinien 2440 "Auswurfbegrenzung Mineralöl-
raffinerien" zu beachten /3-3/.

Die Abwässer der Kokereien gehören mit zu den Industrieab-
wässern, die weitgehend gereinigt werden müssen, bevor sie in
die öffentlichen Kläranlagen oder Gewässer abgeleitet werden
können.

Hierzu werden zunächst die geruchsintensive Stoffe, wie H_2S,
NH_3 und Mercaptane aus dem Abwasser entfernt. Wegen ihrer hohen
Toxizität bei einer evtl. nachfolgenden biologischen Abwasserbehandlung müssen auch Cyanide und Phenole weitgehend entfernt
werden. Weiterhin muß aus dem Abwasser Öle und teerige Bestandteile entfernt werden.

Prinzipiell sind zur Entfernung der organischen Inhaltstoffe des Kokereiabwassers folgende Methoden geeignet:

- Biochemische Behandlung (Tropfkörper- und Belebtschlamm-verfahren)
- Abwasser-Verbrennung
- Extraktion
- Adsorption an Aktivkohle /3-3/.

Die großtechnische Kokerei ist eine Anlage hohen Flächenbedarfs. Sie besteht aus einem umfangreichen Kohlelager, der Ofenbatterie für die Verkokung der Kohle und einem weiteren, sehr ausgedehnten Anlagenteil für die Aufbereitung des erzeugten Kokereigases. Deponieprobleme bestehen nicht.

3.3 Technische Möglichkeiten zur Verminderung der Emissionen

Verstärkte Anstrengungen zur Verminderung der Emissionen werden auf der Koksseite der Ofenanlage unternommen. So wurde in der Kokerei Zollverein in Essen der gesamte Löschbereich überdacht. Es besteht so ein hallenartiger Raum von etwa 100 m Länge. Die Breite beträgt etwa 12 m. Die Überdachung beginnt auf der Koksseite der Batterien, an der Oberkante der Ofendecke, sie erstreckt sich über den Bereich des Führungswagen- und Löschwagengleises und ist auf der anderen Seite aufstrebend hochgezogen. Hier überragt das Dach etwa um 6 m die Ofendecke. Die Firsthöhe der Halle beträgt damit 18 m über Grund. Der Löschzug der Koks sowie der Koksführungswagen können sich innerhalb der, Halle frei bewegen. Im Dach sind Radialgebläse zum Absaugen der Luft angebracht, jeweils mit einer Leistung von 60.000 m³/h. In die Absaugestutzen der Gebläse wird Wasser eingedüst. Dieses wird dann mit dem Staub in nachgeschalteten Tangentialabscheidern aufgefangen. Es wird berichtet, daß mit diesem Verfahren, die Staubemissionen um 90 % herabzusetzen ist.

Der Staubauswurf in die Umgebung soll mit dieser Maßnahmen von früher 6 kg auf heute 200 g pro Druckvorgang gesenkt worden

sein /3-4/. Daneben werden weitere Entstaubungsverfahren wie
z.B. der Haubenwagen in der Kokerei Minister Stein eingesetzt.

Eine deutliche Emissionsminderung könnte auch gleichzeitig mit
dem Bestreben einer rationelleren Energieverwendung und
-nutzung im Kokereiwesen erreicht werden. Im Fall der kokerei-
internen Nutzung der Abwärme soll sich der betriebliche Energieverbrauch gegenüber herkömmlich arbeitenden Kokereien um 1/3
reduzieren /3-2/.

Inwieweit der Übergang auf andere Koksproduktionsverfahren eine
Umweltentlastung bringen kann, kann heute noch nicht quantifi-
ziert werden, da die verschiedenen Varianten der Formkoksverfahren sich noch in der Entwicklung befinden. Man kann jedoch
annehmen, daß ein Verfahren, welches vollständig in geschlossenen Apparaten abläuft, umweltfreundlicher arbeitet als ein
solches, in welchem der Verkokungsprozeß in Koksofenbatterien
abläuft.

Um die aus Kokereien anfallenden hoch belasteten Abwässer in
die kommunalen biologischen Kläranlagen einleiten zu können,
wurden innerhalb der Kokereien verschiedene Emissionsminderungsmaßnahmen getroffen /3-18/:
- Die Temperatur des Gesamtablaufes wird durch Wärmetauscher
  oder mittels Klärteiche unter 30 °C gehalten
- In nachfolgenden Absetzbecken werden aufschwimmende Öle und
  teerige Stoffe abgeschieden.
- Durch verschiedene verfahrenstechnische Maßnahmen wird der
  Gehalt an Cyaniden, Schwefelwasserstoff und Ammoniumver-
  bindungen weitgehend reduziert.
- Phenol wird durch verschiedene Extraktionsverfahren zurückgewonnen.
Bei dem Phenosolvan-Verfahren der Lurgi wird z.B. ein niedrig-
siedendes Lösungsmittel, und zwar Diisopropyläther, verwandt.
Die Extraktion der Phenole erfolgt in einem zehnstufigen Gegen-
strom-Extraktor, der nach dem Mixer-Settler-Prinzip arbeitet.

Nach der Extraktion wird das Lösungsmittel durch Destillation
von den Phenolen getrennt und dann zu erneuter Phenolaus-

waschung verwandt. Das im Sumpf der Destillationskolonne anfallende Rohphenolöl wird dann weiter zu einem verkaufsfähigen
Produkt aufgearbeitet.

In einer Entphenolungsanlage nach dem Phenosolvan-Verfahren
kann der Restgehalt an Phenolen im entphenolten Wasser unter
10 mg/l gesenkt und damit ein Wirkungsgrad von über 99 % im
Dauerbetrieb erreicht werden. Hierbei werden zusammen mit dem
Phenol noch weitere organische Stoffe aus dem Kokereiabwasser
entfernt.

3.4 Daten

Die Emissionsfaktoren sind jeweils bezogen auf 1 TJ Input.

- __Luft__

Gesamtstaub	(kg)	57,02	(1974)	/3-5, 3-6/
Feinstaub	(kg)	2,72	(1974)	/3-17/
SO_2	(kg)	27,15		/3-8/
		20,87		/3-7/
NO_x	keine Angaben verfügbar			
C_mH_n	(kg)	8,15		/3-9/
		57,02		/3-8/
PAH[1]	(kg)	$4,89 \times 10^{-2}$		/3-15/
CO	(kg)	14,42		/3-16/
Abwärme	(TJ)	0,166		/3-2/

- __Wasser__

BSB_5	mg/l	1200	/3-18/
CSB[2]	mg/l	6500	/3-18/
($KMnO_4$-Verbrauch)			
COD[3]	mg/l	30000	/3-18/
($K_2Cr_2O_7$-Verbrauch)			
TOC[4]	mg/l	750	/3-18/
Phenole	mg/l	100	/3-18/

[1] Polycyclic Aromatic Hydrocarbons
[2] Chemischer Sauerstoffbedarf
[3] Chemical Oxygen Demand
[4] Total Organic Carbon

4 Brikettherstellung

4.1 Steinkohlenbrikettherstellung

4.1.1   Verfahrensbeschreibung /4-1/

Bei der Brikettierung handelt es sich um eine hauptsächlich
mechanisch zu bewirkende Veredelung feinkörniger Kohle, wie sie
beim Abbau Untertage oder der Aufbereitung Übertage anfällt.
Unter Brikettierung versteht man im allgemeinen das Stückigmachen von kleinstückigem, sand- oder staubförmigem Material
mit oder ohne besondere Bindemittel durch starke Pressung in
einer festen Form.

Zur Brikettierung wird gewaschene oder ungewaschene Feinkohle
der Kornfraktion 0 - 6 mm aus der Sieberei oder der Wäsche
eingesetzt. Die aus Siebereien stammende Feinkohle wird direkt
in Vorratsbunkern gelagert. Gewaschene Kohle wird im Naßbunker
gelagert und gelangt von hier aus in den Trockner und anschließend in den Vorratsbunker für getrocknete Kohle. Üblicherweise werden in den Steinkohlenbrikettfabriken Feuergas-
Gleichstrom-Trommeltrockner eingesetzt. Die Beheizung erfolgt
durch Feuergas von festen, flüssigen oder gasförmigen Brennstoffen. Die Trockner sind mit Rieseleinbauten versehen, die
die zu trocknende Kohle in dem Heizgasstrom bewegen. Die Ein-
trittstemperatur der Heizgase beträgt ca. 700 °C. Die getrocknete Kohle ist nach dem Austritt aus dem Trockner noch etwa 70
bis 80 °C warm. Die Trocknungszeit beträgt ungefähr 30 Minuten.

Die entstehenden Brüden werden abgesaugt und in Staubabscheidern entstaubt. Der Staub wird zum Teil der Brikettierkohle

zugeführt, zum anderen zur Beheizung der Trockner eingesetzt.
Als Staubabscheider werden üblicherweise Zyklone und Elektrofilter benutzt. Die Trocknung erfolgt von etwa 10 % - 14 % auf
eine Restfeuchte von 1 % - 1,5 %. Vor oder nach der Trocknung
erfolgt eine Absiebung der nicht erwünschten Kornfraktionen,
von denen die grobe Fraktion aufgemahlen, die feine zur Unter-
feuerung eingesetzt wird.

Das einzusetzende Bindemittel wird im allgemeinen in fester
Form angeliefert. In Brechern und Mahlanlagen wird das feste
Bindemittel zerkleinert und zur dosierten Zugabe in einem
Speicher gelagert.

Erfolgt die Anlieferung in flüssigem Zustand, wird das Bindemittel in normalerweise dampfbeheizten Behältern gelagert. Entsprechend der Ausführung der Anlage kann das Bindemittel in
festen oder flüssigen Zustand der Brikettierkohle zugegeben
werden. Der Anteil des Bindemittels an der Brikettierkohle
beträgt 6 % - 8 %. Die Zumischung des Bindemittels erfolgt in
festem Zustand über Dosiereinrichtungen wie Bandwaagen und
ähnlichem, in flüssigem Zustand durch Einspritzen mittels
Düsen.

Kohle und Bindemittel werden in Mischern gründlich miteinander
gemischt, da eine gute Mischung wesentlichen Einfluß auf die
Brikettiereigenschaften hat.

Thermoplastische Bindemittel, die in fester Form dem Brikettiergut zugegeben werden, müssen zur Herbeiführung des plastischen
Zustands im Gemisch erhitzt werden. In jahrzehntelangem Betrieb
haben sich hier Dampfknetwerke bestens bewährt. In diesen
Knetwerken wird das Brikettiergut erwärmt, gut durchgemischt
und geknetet. Durch Düsen wird überhitzter Dampf in das Knetwerk geleitet, wodurch die thermoplastischen Bindemittel er-
weichen. Der Dampf hat Temperaturen zwischen 150 °C und 350 °C
je nach Art der Erzeugung und der notwendigen Einsatztempera-
tur. Die Knetzeit beträgt bis zu 10 Minuten.

Aus dem Knetwerk gelangt das Brikettiergut über Verteiler zu
den einzelnen Pressen. Auf diesem Weg kann das Gemisch mit
einer Temperatur von 80 °C bis 90 °C ausdampfen. Über Verteiler-
köpfe wird das Gemisch den Pressen zugeführt.

Aufgabe der Pressen ist es, aus dem plastischen Gemisch
Briketts von gleicher Form und Größe und gleichem Gewicht zu
erzeugen. Die Pressen werden mit der Masse durch Auslauf-
schieber beschickt, durch die auch der Massenstrom geregelt
wird. Über die zugeführte Menge wird auch der Preßdruck
geregelt. Die heute in der Steinkohlenbrikettierung üblichen
Walzenpressen haben Durchmesser bis ca. 1400 mm, die Walzen-
breite beträgt ungefähr 550 mm. Die Oberfläche der Walzen-
mäntel ist mit Formmulden versehen. Das Brikettiergut wird
zwischen die Walzen eingezogen und solange verdichtet, bis die
Formen geschlossen sind. Mit dem Öffnen der Form tritt eine
geringe Expansion ein und das Brikett löst sich aus der Form.

Nach dem Preßvorgang fallen die Briketts auf eine feste
Rutsche, über die sie auf ein Kühlband gelangen. Die Rutsche
ist im allgemeinen als Siebrost ausgeführt, um den Antrieb so-
fort beseitigen zu können. Ferner sind Stellklappen vorgesehen,
um Fehlbriketts der Abriebrückführung zuleiten zu können.

Auf den Kühlbändern kühlen die noch warmen Briketts aus, damit
sie die für die Verladung und Lagerung notwendige Festigkeit
erreichen.

Abrieb und Fehlbriketts werden den Mischern wieder zugeführt,
Briketts werden nötigenfalls vorher zerkleinert. Die Preßzeit
beträgt je nach Betriebsbedingungen zwischen 0,045 und 0,08
sek.

Die Kühldauer beträgt etwa 3 bis 6 Minuten.

Nach dem Auskühlen werden die Briketts auf Halden gefördert
oder direkt verladen.

4.1.2   Umweltrelevante Probleme

Brikettfabriken emittieren staubhaltige Luft hinter den
Trocknern, an Übergabestellen von Fördergut und aus Zer-
kleinerungs-, Sieb- und Kühlanlagen.

In der TA-Luft 1974 wird gefordert, daß ein Reingasstaubgehalt
von 75 mg/m³ nicht überschritten wird. Zum Einsatz kommen naß-
arbeitende Entstauber oder filternde Entstauber, sowie bei der
Brüdenentstaubung auch Elektrofilter. Der Abscheidegrade für
Teilchen < 10 /um liegt bei über 80 %. Eine weitere Verbesserung dieser Abscheidegrade wäre mit einem erheblichen Kosten-
aufwand verbunden .

Der Wasserkreislauf einer Brikettfabrik ist in der Regel
geschlossen; Abwasser wird vor Abgabe an den Vorfluter im
Absetzbecken geklärt.

4.1.3. Daten

Emissionsfaktoren bezogen auf 1 TJ Input

Gesamtstaub	(kg)	8.77	/4-2/
Feinstaub	(kg)	7.76	/4-2/

4.2 Braunkohlenbrikettherstellung

4.2.1 Verfahrensbeschreibung /4-1/

Brikettieren ist das Stückigmachen von mehr oder weniger
feinkörnigen, auch pulverigen Stoffen unter Anwendung von
Druck, wobei Körper von gleicher Gestalt, Größe und entsprechender Festigkeit hergestellt werden. Dies kann je nach Material
mit oder ohne Zusatz von Bindemitteln geschehen.

Für die Braunkohlenbrikettierung ist der Einsatz eines Bindemittels durch die Kohlenstruktur und den Kornaufbau über-

flüssig. Nur für spezielle Einsatzzwecke ist die Hinzugabe
eines Bindemittels erforderlich.

Um die abgebauten Rohbraunkohlen für die Brikettierung einzu-
setzen, ist eine vorgeschaltete "Zurechtmachung" notwendig.
Diese Zurechtmachung setzt sich zusammen aus der Klassierung,
Zerkleinerung, Trocknung und Absiebung.

Die aus dem Tagebau gewonnene Rohbraunkohle wird erst in einem
Kohlebunker gelagert, wo die Artunterschiede, die zwischen den
verschiedenen Baggerschnitten auftreten, ausgeglichen werden.
Der Rohkohlenbunker ist in so viele Abschnitte unterteilt wie
Baggerschnitte zu erwarten sind, wobei jedem Bunkerabschnitt
ein Bunkerentleerungswagen (Schaufelradentleerer) zugeordnet
ist. Die Rohbraunkohle wird entsprechend der gewonnenen Ab-
schnittsmengen der Klassierung zugeführt.

In der Klassierung werden die für die Brikettierung störenden
Bestandteile abgetrennt. Dabei werden die Holz- und Lignitanteile der Rohbraunkohle mittels Resonanz-Flachwurf-Schwingsie-
ben abgetrennt, während der Schwefelkies und etwaige metal-
lische Bestandteile mittels Magnetabscheider herausgetrennt werden. Die Holz- und Lignitanteile werden dem Kraftwerk zur
Kesselfeuerung zugeführt.

Da die klassierte Kohle für die Brikettierung zu grobstückig
ist, wird sie zuerst auf die gewünschte Korngröße zerkleinert.
Dies geschieht mittels sogenannter siebloser Hammermühlen mit
einem offenen Mahlraum oder mittels Prallhammermühlen. Beim
Einsatz von sieblosen Hammermühlen findet eine Nachsiebung zur
Abscheidung von Überkorn mittels Vibratorsieben statt. Das
anfallende Überkorn wird dem Aufbereitungsgang vor der Hammer-
mühle wieder zugeführt. Die so klassierte und aufgemahlene
Brikettierkohle hat eine Korngröße von < 6 mm.

Um den für eine einwandfreie bindemittellose Brikettierung der
aufbereiteten Kohle erforderlichen Wassergehalt von 18 % bis
21 % zu erreichen, muß die Rohbrikettierkohle getrocknet

werden. Dies geschieht in sogenannten Röhrentrocknern, einem
direkten Trocknungsverfahren mittels Abdampf (435°K und 3 bis
4 bar) der Dampfturbinen des Kraftwerkes.

Die Kohle wird mittels Pressluft in den Trockner eingeblasen,
wobei der Pressluftdruck so eingestellt ist, daß sich die Braunkohle gerade in der Schwebe befindet. In den Röhren des Röhren-
trockners sind Einbauten angebracht, die eine gute Durch-
mischung der Kohle bewirken und gleichzeitig dafür sorgen, daß
gröberes Korn länger im Trockner verbleibt als das feinere
Korn. Beide Auswirkungen der Einbauten haben die erwünschte
gleichmäßige Trocknung zur Folge. Der kondensierte Wasserdampf
des Abdampfes wird mittels Wassertassen und sogenannten
Schwanenhälsen aus dem leicht geneigten (10°) Trockner gehoben.
Die aus der Trockenkohle entwichenen Brüden werden mittels Rohrleitungen zur Entstaubungseinrichtung geführt. Die Entstaubung
dieser Brüden findet mittels Elektrofilter statt. Der so gewonnene Staub wird entweder dem Kraftwerk zur Kesselfeuerung zugeführt oder zum Verkauf angeboten.

Die getrocknete Brikettierkohle wird mittels Wirbelschichtkühl-
kettenförderer zum Pressenhaus transportiert. Auf diesem
Transportweg dampft die Kohle nach, wobei eventuell vorhandene
Wassergehaltsspannen ausgeglichen werden können. Die so geförderte Kohle wird in Zwischenbunkern, die als Puffer dienen,
gelagert. Diese Bunker, mit trichterförmigem Auslauf zur Presse
hin, sind mit Einbauten versehen, die eine Entmischung der Brikettierkohle verhindern.

Zur Brikettierung der Braunkohle werden sogenannte Drillings-
pressen eingesetzt. Diese sind als Schubkurbelstrangpressen auf-
gebaut mit einem Antriebsmotor (elektrisch) und einem Gehäuse
für drei Preßstempel; diese Pressen erzeugen einen Preßdruck
von 100 bis 120 kN/cm².

Das Formzeug der Pressen ist wassergekühlt, um die Reibung im
Formkanal niedrig zu halten und damit Verschleißerscheinungen

am Formzeug und das Auftreten von hiermit zusammenhängenden
Brikettierfehlern zu vermindern.

Die Ausfallprodukte werden dem Kraftwerk zur Kesselfeuerung zugeführt.

Von den Pressen gelangen die Briketts auf Kühlrinnen in seitlich offene Kühlhäuser, wo die bei der Brikettierung erzeugte
Wärme abgeführt wird und das Brikettgerüst sich festigt.

Nach einer Auskühlzeit werden die Briketts zur Verladung transportiert, wo sie zu Verkaufseinheiten zusammengepackt und verladen werden.

4.2.2   Umweltrelevante Probleme

Brikettfabriken emittieren Luftverunreinigungen, Lärm und Abwasser. Vor allem dort, wo Trockenkohle bewegt oder zerkleinert
wird, entstehen staubhaltige Luft und Brüden. Die größten Staub-
massenströme treten in den Brüden am Trockneraustritt auf. Lärmquellen in Brikettfabriken sind sämtliche maschinelle Einrich-
tungen wie Gebläse, Kompressoren, Brikettpressen, die Rinnen,
in denen Briketts ruckweise vorgeschoben werden, sowie das LKW-
und Eisenbahntransportwesen /4-3/.

Wassergehalt und Körnungsaufbau des Gutes beeinflussen maßgeblich den Umfang der Emissionen. Die in einer Brikettfabrik
entstehenden Gesamtstaubmengen verteilen sich zu 85 bis 90 %
auf die Trocknerbrüdenentstaubung und zu 10 bis 15 % auf die
Kühlluft- und Preßstempelentstaubung /4-4/.

Zur Staubabscheidung im Bereich der Brüdenentstehung werden
derzeit bevorzugt Elektrofilter eingesetzt. Nach der VDI-Richtlinie 2294 /4-4/ sind für alle Anlagenteile Staubkonzentrations-
werte von 150 mg/m³ einhaltbar. Bei Neuanlagen ist jedoch zu
erwarten, daß für einige Anlagenteile gemäß Ziffer 2.3.3.2 der
TA - Luft /4-5/ nur maximale Reingaskonzentration von
75 mg/m³ zulässig sind /4-2/.

Die Abwassermengen und Abwasserqualitäten schwanken stark von
Anlage zur Anlage gemäß ihrem technologischen Aufbau. Die Abwässer werden meist nur mechanisch gereinigt /4-3/.

4.2.3   Daten

Die Emissionsfaktoren sind jeweils auf 1 TJ Input bezogen.

Staub	kg	34,4	/4-2/
Feinstaub	kg	28,7	/4-2/
SO_2	kg	110	/4-6/
NO_x	kg	100	/4-6/
Fluor	kg	2,2	/4-6/

Nach Angaben der Rheinischen Braunkohlenwerke AG: Fluor 0,11 kg/TJ

5 Kohleverstromung

Elektrische Energie hat in der Anwendung gegenüber anderen
Energieformen besondere Vorzüge, sie läßt sich leicht transportieren, verteilen, umformen und steuern. Der Bedarf an elektrischer Energie läßt sich aber nur durch Umwandlung von Primärenergie decken.

Man kann Elektrizität entweder durch eine direkte Umwandlung
aus einer primären Energieform erzeugen oder indirekt über eine
Reihe von Zwischenformen. Verfahren der Direktumwandlung, z.B.
aus chemischer Energie oder elektromagnetischer Energie der
Sonnenstrahlung, werden in jüngster Zeit viel diskutiert. Sie
sind auf den ersten Blick die 'elegantesten' Methoden zur Erzeugung des elektrischen Stroms. Doch in der Praxis wirft die
Direktumwandlung erhebliche technische und wirtschaftliche
Probleme auf.

Heute beruhen noch alle wirtschaftlich bedeutenden Verfahren
zur Erzeugung elektrischer Energie auf dem dynamoelektrischen
Prinzip, das 1866 von Werner von Siemens entdeckt wurde.

Auf der Basis dieses Prinzips entstand der Generator, der die
elektrische Energie aus der mechanischen Energie der Drehbe-
wegung eines elektrischen Leiters im Magnetfeld gewinnt. Daraus
ist dann die Kraftwerkstechnik gewachsen, eine Technik mit inzwischen über hundertjähriger Tradition. Sie hat den Generator
zum großtechnischen Einsatz gebracht und außerdem wirtschaftlich günstige Verfahren zum Umwandeln der Primärenergie in elektrische Energie entwickelt. Diese Umwandlungsverfahren sind inzwischen technisch ausgereift /5-1/.

Das Verfahrensprinzip fossil befeuerter Kraftwerke besteht
darin, daß die bei der Verbrennung von Kohle, Öl oder Gas
freigesetzte Wärme zur Dampferzeugung ausgenutzt wird. Der erzeugte Dampf wird auf eine Turbine gegeben, die den zur Stromerzeugung notwendigen Generator antreibt.

5.1 Konventionelle Steinkohlenkraftwerke

5.1.1 Verfahrensbeschreibung

Die Feuerungssysteme von Kohlekraftwerken können durch zwei
Größen charakterisiert werden. Erstens durch die Form der Brenn-
staubeinblasung (direkt oder indirekt) und zweitens durch die
Art der Entaschung (flüssig oder trocken). Weiterhin kann nach
der Feuerungsanordnung unterschieden werden in:

- Linear-Feuerung
    Horizontal (Front, Boxer)
    Vertikal (Boden, Decke)
- Tangential-Feuerung
- U-Feuerung.

Dampferzeuger mit Steinkohlenstaubfeuerungen werden heute in
allen Leistungsbereichen bevorzugt als Trockenfeuerung mit
direkter Staubeinblasung ausgeführt. Bei diesen Anlagen werden
im wesentlichen zwei Feuerungskonzepte eingesetzt, und zwar die
Linearfeuerung sowie die Tangentialfeuerung. Bei großen Anlagen
wird die Linearfeuerung meist in Boxer- bzw. Gegenanordnung ausgeführt, während bei kleineren Anlagen die Frontanordnung bevorzugt wird. Die Tangentialfeuerung findet für alle Dampfer-
zeugergrößen Anwendung.

Schmelzfeuerungen für niedrigflüchtige und ballastreiche Kohlen
werden heute vorwiegend mit Linearfeuerung in U-Anordnung ausgeführt. Je nach Brennstoffqualität kann eine indirekte Staubeinblasung notwendig werden.

Das gleiche Feuerungskonzept (U-Anordnung) ist für Trocken-
feuerungen mit brenntechnisch schwierigen Steinkohlen in vielen
Fällen erforderlich. Die indirekte Einblasung ist auch für
kohlenstaubgefeuerte Zündfeuerungen notwendig /5-2/.

5.1.2 Umweltrelevante Probleme

Bei der Umwandlung von fossiler Primärenergie wird die Umwelt
belastet durch

- Staub und Schadstoffe aus den Verbrennungsprozessen
- Nicht mehr nutzbare Wärme (Abwärme)
- Radioaktivität
- Lärm
- Abfallstoffe

Der Umfang der Umweltbelastung ist abhängig von der Zusammensetzung des Brennstoffes sowie von der Art der Umwandlungstech-
nik.

- Luft

Schwefeloxide, SO_2, SO_3

In den fossilen Brennstoffen liegt der Schwefel stets in
chemisch gebundenen Formen vor. In anorganischer Form als Sulfat-
schwefel z.B. $CaSO_4$, Sulfid oder als Pyrit (FeS_2) und als Schwefelwasserstoff (H_2S gasförmig),im Erdgas als elementarer Schwefel und/oder in organischer Bindung im Erdöl sowie in Stein-
und Braunkohlen.
In deutscher Steinkohle kommt elementarer Schwefel nicht vor,
der Sulfat-Schwefelgehalt ist kleiner 0,1 %. Der organisch gebundene Schwefelgehalt beträgt im Mittel 0,8 %. Dieser Schwefel
kann durch mechanische aufbereitungstechnische Maßnahmen nicht
abgetrennt werden. Bei der Verbrennung wird der überwiegende
Teil des Schwefels als SO_2 freigesetzt.

SO_3 entsteht durch Oxidation des SO_2,
$$SO_2 + 1/2\ O_2 \rightleftharpoons SO_3$$

Dieser Oxidationsprozeß wird katalytisch beeinflußt durch Eisenoxide und z.B. durch Vanadiumpentoxid (V_2O_5) und wird des weiteren gefördert durch den Sauerstoffüberschuß im Abgas.

Schwefelwasserstoff, H_2S

H_2S ist farblos, hat einen Geruch nach "faulen Eiern" und ist giftig. Da es selbst ein gut brennbares Gas ist, kann es in Feuerungsabgasen praktisch nur dann enthalten sein, wenn örtlich extrem stark reduzierende Verbrennungsbedingungen vorliegen.

Stickstoffoxide, NO_x

NO ist ein farb- und geruchloses Gas, welches deutlich weniger giftig ist als NO_2. Es entsteht, aus dem in den Brennstoffen organisch gebundenem Stickstoff bei relativ niedrigen Temperaturen (Brennstoff - NO_x) und aus dem Luftstickstoff (Verbrennungsluft) bei hohen Temperaturen, durch Reaktion mit Sauerstoff, wobei ein hoher Sauerstoffüberschuß die NO - Bildung fördert (Thermisches NO_x). In der Atmosphäre wird NO allmählich, durch Reaktion mit atomaren Sauerstoff, in NO_2 umgewandelt.

Im Gegensatz zu NO ist NO_2 braun gefärbt, süßlich riechend und stark giftig. Es entsteht unterhalb 650 °C durch Oxidation des NO.

Der Anteil des NO_2 im NO_x ist bei normalen Kraftwerksfeuerungen in der Regel weniger als 5 %. Lediglich bei Gasturbinen liegt der NO_2 - Anteil etwas höher und kann im Leerlauf bis zu 50 % betragen.

Die Bildung von Stickoxiden ist kein einfacher, durch wenige Gleichungen zu beschreibender Vorgang. Die komplexe Natur der beteiligten Reaktionen hat eine geschlossene Theorie der Stickoxidentstehung bisher (noch) verhindert. Aus zahlreichen grundlegenden Untersuchungen sind die Zusammenhänge jedoch zumindest qualitativ recht gut bekannt /5-43, 5-38/.

Es scheint sich im wesentlichen um drei Abläufe zu handeln:

Ablauf I: Bildung von "Thermischem NO_x"
Ablauf II: Bildung von "Promptem NO_x"
Ablauf III: Bildung von "Brennstoff-NO_x"

Ablauf I

Bei entsprechend langer Verweilzeit der Verbrennungsgase oberhalb etwa 1500 - 1600 °C und in Abhängigkeit vom örtlichen O_2-Partialdruck in der Flamme entsteht die Hauptmenge des "Thermischen NO_x" gemäß dem sogenannten Zeldovich-Mechanismus /5-50, 5-59, 5-61/ nach den Reaktionen (1) und (2):

$$N_2 + O \; \rightleftharpoons \; NO + N, \quad \Delta H = + 75,3 \text{ kcal/mol} \tag{1}$$

$$N + O_2 \; \rightleftharpoons \; NO + O, \quad \Delta H = - 32,1 \text{ kcal/mol} \tag{2}$$

Die Reaktion (1) ist sehr stark temperatur- und verweilzeitabhängig und als langsamste geschwindigkeitsbestimmend. Die Bildungsgeschwindigkeit des Stickstoffoxids ist daher proportional zur Konzentration des atomaren Sauerstoffs und des molekularen Stickstoffs.

Ablauf II

"Promptes NO_x" wird bereits während der Brennstoffumsetzung infolge eines Überschusses an Sauerstoffatomen gebildet.

Nach Fenimore /5-63/ wird unter der Bezeichnung "Promptes Stickoxid" NO während des Verbrennungsprozesses in brennstoffreichen Zonen mit Hilfe der freien Radikale der Reaktionskette

$$C_nH_m + N_2 \rightleftharpoons RN + N \tag{3}$$
$$CH + N_2 \rightleftharpoons HCN + N \tag{4}$$

gebildet, wobei N weiter mit O_2 oder mit O reagiert.

Ablauf III

Der im Brennstoff gebundene Stickstoff kann ebenfalls erheblich
zur Stickoxidbildung beitragen /5-63, 5-65/. Schweres Heizöl
enthält etwa 0,3 %, Kohle zwischen 1 % und 1,75 % (bezogen auf
wasser- und aschefreie Kohle) Stickstoff[1]. Dieser brennstoff-
gebundene Stickstoff ist chemisch nicht so stark gebunden wie
der molekulare Stickstoff. Gewöhnlich wird der Brennstoffstickstoff bei mäßiger Temperatur relativ leicht freigesetzt. Mit
steigendem Brennstoffstickstoffgehalt erhöht sich auch die
emittierte NO-Menge, jedoch degressiv, d.h. die spezifische Umsetzung von Brennstoffstickstoff zu NO fällt mit höher werden-
dem Gehalt. Nach Blakeslee und Burbach /5-62/ beträgt der N-Um-
satz bei Öl mit 2 % Stickstoff 43 % und bei Öl mit 1 % Stickstoff 30 %. Bei schwerem Heizöl rechnet man im Mittel mit einer
Umsetzung des gebundenen Stickstoffes von etwa 45 %. Bei Kohle
setzt sich der Brennstoffstickstoff je nach Stickstoffgehalt
und anderen Bedingungen zu etwa 20-50 % zu NO um.

Bei der Kohleverbrennung wird ein Teil des Brennstoffstick-
stoffs in der Gasphase nach Ausgasung der flüchtigen Bestandteile und ein Teil bei der Verbrennung des Teers in NO umgewandelt. Eberius und Just /5-66/ schlagen für brennstoff-
gebundenen Stickstoff als Reaktionsablauf der NO-Bildung bzw.
des NO-Abbaus vor:

$$CN + Oxidator \rightleftharpoons NO + CO_2 \qquad\qquad (.5)$$

$$CN + NO \rightleftharpoons N_2 + CO \qquad\qquad (6)$$

Die Abbaureaktion (6) erklärt auch die oben erwähnte mit
steigendem NO-Gehalt degressiv verlaufende Umsetzung von
brennstoffgebundenem Stickstoff zu NO.

---

[1] Deutsche Steinkohle (Ruhr) enthält im Mittel 1,5 % organisch
gebundenen Stickstoff (bezogen auf wasser- und aschefreie
Kohle)

Aufgrund der betrachteten reaktionskinetischen und thermodynamischen Gesetzmäßigkeiten der NO_x-Bildung in Flammen werden
·folgende Betriebsparameter als wichtig für die Höhe der Stickoxidemissionen angesehen /5-60/:

- Luftüberschuß
- Laststufe (Teillast)
- Stickstoffgehalt des Brennstoffes
- überwiegend stationäre oder instationäre Betriebsweise
  (Grundlast, Anfahren, Lastfolge)
- Verschmutzungsgrad
- Zahl der gleichzeitig verfeuerten Brennstoffe
- sonstige Emissionen.

Je nach Feuerungsart variieren die NO-Emissionen erwartungsgemäß in einem weiten Bereich. Die Streubereiche von Meßwerten
an Kraftwerksfeuerungen und Richtwerte zeigt Tab. 5-1. Wie aus
dem Vergleich erkennbar wird, besteht eine Diskrepanz zwischen
den Richtwerten und den tatsächlichen Emissionen.

Eine feinere Unterteilung der NO_x-Emission von verschiedenen
Feuerungsarten zeigt Tab. 5-2 /5-74, 5-75/. Danach sind die
Streubereiche insbesondere bei Schmelz- und Frontfeuerungen
sehr hoch, woraus man schließen kann, daß hier feuerungstechnische Maßnahmen erfolgreich sein könnten.

Kohlendioxid, CO_2

CO_2 tritt bei der Verbrennung aller fossiler Brennstoffe auf.
Zwischen eingesetzter Brennstoffmenge und Emission besteht ein
linearer Zusammenhang.

Kohlenmonoxid, CO

Das farblose, giftige CO entsteht bei Verbrennungsvorgängen
unter Sauerstoffmangel.
In geringen Konzentrationen ist es aber auch dann im Abgas nach-
weisbar, wenn am Kesselende ein deutlicher Sauerstoffüberschuß

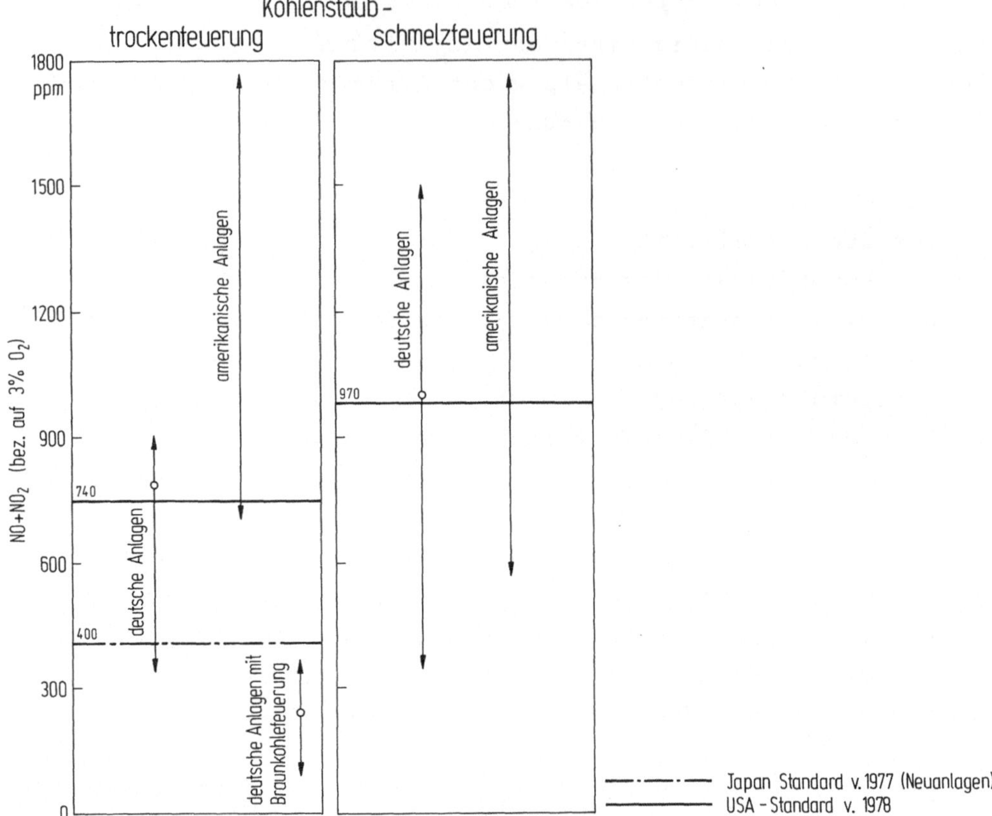

Tab. 5-1 : Streubereiche von Meßwerten an Kraftwerksfeuerungen
und Richtwerte /5-60, 5-67, 5-68/

herrscht. Der Grund hierfür ist, daß örtlich Sauerstoffmangel
herrschen kann und CO- bzw. Gassträhnen sehr stabil sein
können.

Chlorwasserstoff, HCl

HCl ist ein farbloses, stechend riechendes und die Atemwege
reizendes Gas. Es entsteht in Kohlefeuerungen durch Chloridspal-
tung von in der Kohle enthaltenen Chlorverbindungen und in
größerem Maße in Müllverbrennungsanlagen bei der Verbrennung
bzw. bereits bei der thermischen Spaltung chlorierter Kunst-
stoffe.

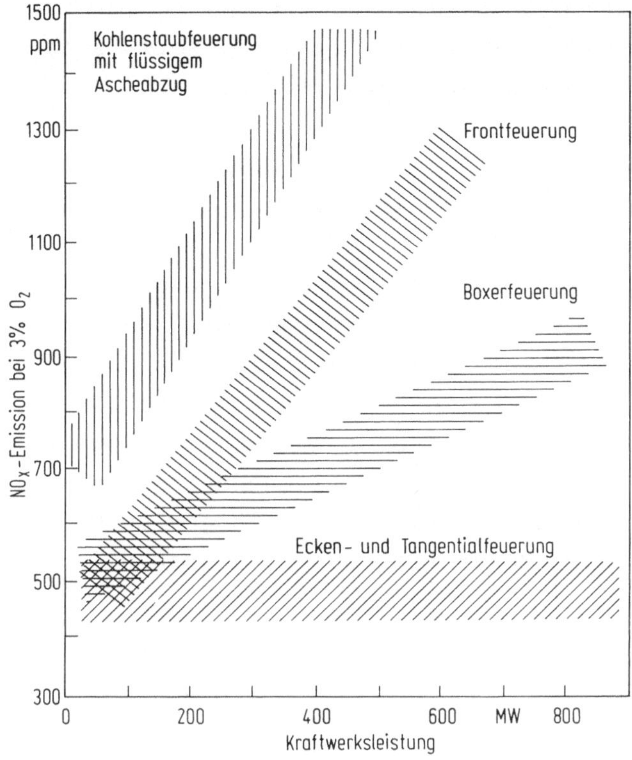

Tab. 5-2: Basis NO_x-Emissionen verschiedener Feuerungsbauarten
/5-75/

Fluorwasserstoff, HF

HF ist farblos, von stechendem Geruch und reizt die Atemwege.
In Kohlefeuerungen wird es, ähnlich dem HCL, bei der Spaltung
von Fluoriden und in Müllverbrennungsanlagen hauptsächlich bei
der thermischen Spaltung fluorierter Chlorkohlenwasserstoffe
(Treibgase in Sprühdosen) gebildet.

Staubförmige Emissionen, Flugstaub

Der Flugstaub setzt sich zusammen aus der Mineralsubstanz des
Brennstoffes, der Flugasche, sowie aus Unverbranntem, dem Flug-
koks. Bei stark reduzierenden Verhältnissen in der Feuerung
oder bei Anfahrvorgängen ölgefeuerter Anlagen, kann auch Ruß

(amorpher Kohlenstoff) im Flugstaub vorhanden sein. Der minera-
lische Anteil des Flugstaubes, also die Flugasche, setzt sich
aus einer großen Anzahl von Elementen bzw. Verbindungen zusammen und ist nicht mehr identisch mit der ursprünglichen Zusammensetzung der Mineralsubstanz des Brennstoffes. Staubförmige Emissionen werden bei Transport und Lagerung von Kohlen,
Aschen uns Schlacken freigesetzt.
Staubrückhaltemaßnahmen bei Großkraftwerken sind heute 'Stand
der Technik'. Dennoch werden noch beträchtliche Mengen an
lungengängigem Feinstaub (< 7 /um) emittiert. Besonders kritisch zu sehen sind die Schwermetallgehalte im Feinstaub. Nach
neueren Untersuchungen sind hierbei insbesondere Blei, Cadmium,
Chrom, Kupfer und Thallium zu nennen. Bei Ölfeuerungen können
insbesondere Vanadium-, Nickel- und Eisenverbindungen enthalten
sein. Bei Erdgasfeuerungen wurde verschiedentlich Quecksilber
in geringen Mengen festgestellt.

Organische Verbindungen

Liegt aus technischen Gründen eine unvollständige Verbrennung
vor können sich Olefine, Ketone oder Aldehyde bilden. Daneben
können jedoch auch unveränderte Bestandteile des Brennstoffes
z.B. Methan, als Emission auftreten.

Kancerogene Stoffe

Die wegen ihrer vermuteten krebsauslösenden Wirkung bedeutsamen
pyrolytischen Zersetzungsprodukte der Brennstoffe sind die PAH
(polycyclic aromatic hydrocarbons). Wegen ihrer hohen Thermo-
stabilität muß immer mit ihrer Anwesenheit gerechnet werden.

Obwohl PAH in der Atemluft sowohl partikel- als auch gasförmig
vorliegen kann, treten sie in der Regel unter Umgebungsbedin-
gungen entweder wegen ihres hohen Schmelzpunktes selbst parti-
kelförmig oder aber an Partikel angelagert auf.

Die Analytik der PAH ist, wie auch die Probenahme, erst in jüngster Zeit einer Lösung näher gebracht worden. Der heutige Kennt-

nisstand über die Langzeitwirkung von PAH ist noch unvoll-
ständig /5-5/.

Radioaktive Stoffe

Bei der Verfeuerung von Braun- oder Steinkohle werden die natür-
lich-radioaktiven Stoffe, die mit der Kohle oder ihren Beimengungen zu Tage gefördert werden, über die Rauchgasemission freigesetzt oder in die Asche eingebunden. Neben den Emissionen der
an festen Partikeln gebundenen Nuklide werden auch radioaktive
Edelgase - vor allem Radon - bei der Verbrennung aus dem Brennstoff frei. Die Kohle oder ihre Beimengungen enthalten natürliche Radionuklide, z.B. liegt der Uran- bzw. Thoriumgehalt in
heimischen Braunkohlen zwischen 0,2 mg/kg und 1,4 mg/kg bzw.
0,4 und 2,7 mg/kg. In Saarkohlen wurden etwa 5 mg/kg und in
oberbayerischen Glanzkohlen sogar bis zu 30 mg Uran/kg Kohle
nachgewiesen. Der weitaus größte Teil wird in den Elektrofiltern abgeschieden. Es kommt daher zu einer Anreicherung dieser
Elemente in der Asche. Nach den vorliegenden Ergebnissen liegen
die Uran- und Thoriumgehalte in Kraftwerksaschen mit 5 mg/kg
bzw. 10 mg/kg bei den Durchschnittswerten für Tongesteine
/5-6/.

In einer neueren Studie /5-91/ wird z.B. für die Kohleverstromung für die mittlere effektive Folgedosis pro Kopf der Bevölkerung ein Wert von 0,03 - 0,1 errechnet. In dieser Studie wird
weiter ausgeführt:

"Die natürliche Strahlenexposition verursacht eine mittlere
effektive Äquivalentdosis pro Kopf der Bevölkerung von etwa
150-200 mrem (1,5-2 mSv) pro Jahr, wovon etwa 30-45 % durch
die natürliche Radioaktivität in unseren Häusern verursacht
wird.

Vergleicht man diese Werte mit der effektiven Folgedosis
durch radioaktive Emissionen von Kohlekraftwerken pro Jahr
bei der derzeitigen Stromerzeugung, so folgt, daß letztere
zu einer relativen Erhöhung der normalen, natürlichen
Strahlenexposition um etwa 0,02-0,06 % führen. Diese

Erhöhung ist auch klein im Vergleich zu örtlichen bzw. individuellen Streuung der natürlichen Strahlenexposition. Es
ist nicht auszuschließen, daß der Beitrag durch radioaktiven
Emissionen von anderen Kohleverbrennungsanlagen sowie durch
die zivilisationsbedingte Verwendung von Abfallprodukten der
Kohleverbrennung höher ist.

Im Hinblick auf die Bewertung von Alternativen der Stromerzeugung wird oftmals ein Vergleich zwischen Kohle- und Kernkraftwerken angestrebt. Aus den Ergebnissen der vorliegenden
Studie geht hervor, daß pro GW_e.a erzeugter elektrischer Energie die Strahlenexposition durch die radioaktiven Emissionen
eines modernen Steinkohle-KW, das mit Kohle normaler
Aktivität gefeuert wird, in der gleichen Größenordnung liegt
wie diejenige, die infolge der gemessenen radioaktiven
Emissionen von modernen Druckwasserreaktoren zu erwarten ist.
Dies gilt sowohl in bezug auf die maximale, effektive
Individualdosis am ungünstigsten Ort in der Umgebung beider
Kraftwerksarten als auch für die kollektive, effektive Folge-
dosis der Gesamtbevölkerung pro GW_e.a.

Da zur Zeit nur etwa 14 % der Bruttostromerzeugung in der
Bundesrepublik Deutschland aus Kernkraftwerken stammt, dürfte
jedoch die derzeitige, gesamte kollektive Strahlenexposition
der Bevölkerung durch radioaktive Emissionen von Kohlekraftwerken etwa um den Faktor 3-5 höher liegen als diejenige
durch die radioaktiven Emissionen der in Betrieb befindlichen
Kernkraftwerke. Beide Arten der Energieerzeugung führen
jedoch im bestimmungsgemäßen Betrieb der Kraftwerke zu einer
Strahlenexposition, die sehr klein ist im Vergleich zur
normalen natürlichen Strahlenexposition, der unsere Bevölkerung ausgesetzt ist".

Abwärme

Die hohe Abwärmerate von Wärmekraftwerken im Vergleich zu
anderen Umwandlungsprozessen liegt in der Besonderheit des
thermodynamischen Prozesses der Erzeugung von mechanischer
Energie aus Wärme und tritt in jeder Kraftmaschine auf. Ab-

gesehen vom offenen Gasturbinenprozeß handelt es sich bei Wärmekraftwerken in der Regel um einen geschlossenen thermodynamischen Kreisprozeß, der dadurch gekennzeichnet ist, daß ein
Wärmeträger nach Durchlaufen des Prozesses seinen ursprünglichen thermodynamischen Zustand annimmt. Diesem Wärmeträger,
meist Wasser, wird in einem Dampferzeuger Energie zugeführt,
wobei er die Temperatur To annimmt. Diese Energie wird einer
Turbine zugeführt. Die Turbine kann aber die zugeführte Wärme
nicht vollständig in Bewegungsenergie umwandeln; die Rest-
energie des Wärmeträgers muß über einen Wärmetauscher (z.B.
einen Kondensator) an die Umgebung abgegeben werden, wobei der
verwendete Wärmeträger seinen ursprünglichen thermodynamischen
Zustand annimmt.

Kennzeichnend für den maximal erreichbaren Wirkungsgrad ist der
Temperaturbereich, in dem der Kreisprozeß abläuft. Dieser
Temperaturbereich ist durch die obere Prozeßtemperatur To und
die untere Prozeßtemperatur Tu gegeben. Dann gilt für den thermischen Wirkungsgrad des reversibel geführten Kreisprozesses

$$\eta = \frac{To - Tu}{To}$$

$$\eta = 1 - \frac{Tu}{To}$$

Aus dieser Beziehung folgt, daß der thermische Wirkungsgrad
um so größer ist, je höher die Temperatur To, bzw. je niedriger
die Temperatur Tu.

Beide Temperaturen sind durch verschiedene Faktoren begrenzt:

- Die obere Temperatur To kann aus Kosten- und materialtechni-
  schen Gründen nicht beliebig erhöht werden.
- Die untere Temperatur kann nicht beliebig gesenkt werden, da
  ihr Minimum von der Temperatur des Kühlmittels im Kondensator
  begrenzt wird.
Der thermische Wirkungsgrad ist ein Maß für die im
Kondensator abzuführende Abwärme. Er beschreibt aber noch

nicht alle "Verluste", die aus einem Kraftwerk als primäre Abwärme freigesetzt werden. Zu nennen sind beispielsweise:
- Ein Teil der erzeugten Wärme wird im Kernreaktor durch
  Kühlung bestimmter Reaktorkomponenten ungenutzt abgeführt.
- Turbine und Generator setzen die theoretisch nutzbare und
  durch den thermischen Wirkungsgrad gegebene Energie nicht
  vollständig in Elektrizität um /5-6/.

Die heutigen Technologien zur Abführung der Kondensatorabwärme
kann man unterscheiden in:
- Frischwasserkühlung
- Ablaufkühlung
- Naßkühlung
- Trockenkühlung

Die wirtschaftlichste Form der Wärmeabfuhr ist die Frischwasserkühlung. Bei dieser Form erfolgt die Wärmeabgabe an die Flüsse,
Seen oder Meere.

Der Verringerung des Sauerstoffgehaltes in den Gewässern kann
durch Kühlwasserbelüftung z.B. mit Überlaufwehr oder über einen
Ablaufkühlturm begegnet werden. Dennoch muß man davon ausgehen,
daß das Wasserangebot und die Wärmeaufnahmefähigkeit der Gewässer in der Bundesrepublik Deutschland nahezu ausgeschöpft
ist. Für neue Kraftwerke wird daher die Kreislaufkühlung bevorzugt. Es werden hierbei drei Verfahren unterschieden:
- Naßkühlung
  Das im Kondensator erwärmte Wasser des Kühlkreis-
  laufs wird im Kühlraum versprüht. Durch teilweise

  Verdunstung und Konvektion wird die Wärme an die
  Luft abgegeben. Die Wasserverluste aus Verdunstung und Abflutwasser müssen durch Zusatzwasser
  ausgeglichen werden /5-9, 5-10/.
- Direkte Trockenkühlung
  Der Abdampf der Turbine wird zu den Kühlelementen
  geleitet, kondensiert dort und gibt seine Wärme
  an die Luft ab. Kondensator und Kühlelemente sind
  ein Bauteil. Um einen größeren Druckabfall zu ver-

meiden, muß die Abdampfleitung zu den Kühlelementen einen ausreichenden Querschnitt haben und in
der Länge begrenzt sein. Das führt zur Anordnung
der zwangsbelüfteten Kühlelemente, die eine
Lüfterleistung von ca. 1,8 % der Turbinenleistung
erfordern, auf dem Dach des Maschinenhauses
/5-11/.

- Indirekte Trockenkühlung
Für größere Einheitsleistungen ist das indirekte
System der Trockenkühlung interessanter. Es be-
steht aus dem Einspritzkondensator, der Umwälz-
pumpe und dem Turm. Die Entfernung Maschinenhaus
– Kühlturm spielt bei diesem System eine untergeordnete Rolle. Wasser als Wärmeübertragungs-
mittel wird zwischen Einspritzkondensator und
Kühlturm umgewälzt. Das Umwälzwasser nimmt die
Abdampfwärme auf und erwärmt sich dabei um 10 bis
15 °C. In den Kühlelementen des Turmes, der
natur- oder zwangsbelüftet sein kann, wird die
Wärme des Umwälzwassers an die Luft übertragen.
Die Umwälzpumpen benötigen zum Antrieb etwa 1 %
der Turbinenleistung. Einen Teil dieser Antriebs-
energie kann man mit einer in die Leitung zum
Einspritzkondensator eingebauten Entspannungs-
turbine zurückgewinnen. Die Umwälzpumpen sind üb-
licherweise so ausgelegt, daß das Rohrsystem im
Turm wasserseitig auf Überdruck gehalten wird, um
Lufteinbrüche zu vermeiden. Eine wesentliche
Anforderung des indirekten Kühlsystems ist die
Qualität des Umwälzwassers. Da der Kühlkreislauf
über den Einspritzkondensator mit dem thermischen
Kreislauf verknüpft ist, muß sie gleich der des
Speisewassers sein /5-11/.

Lärm

Die wichtigsten Geräuschquellen eines Kraftwerks sind:
- Brennstoffversorgung
  Bahnanlieferung, Bagger- und Bandanlagen
- Kesselhaus mit Kohlemühle
- Rauchgasbehandlung mit Rauchgasentstaubung, Rauchgas-
  entschwefelungsanlage, Saugzuggebläse und Kamin
- Maschinenhaus
  Turbine, Speisewasserpumpe, Dampfstation und Kondensator
- Kühlanlagen

Bei einem Kraftwerk, das dem heutigen Stand der Technik entspricht, sind die Lärmemissionen durch Kapselung, Schallschutz-
tunnel, Schallschutzgebäude und Schalldämpfer erheblich verringert. Ein solches Kraftwerk mit 600 MW elektrischer Leistung
kann die Immissionsrichtwerte für ein reines Wohngebiet
(50 dB(A) bei Tag) bzw. 35 dB(A) bei Nacht) schon bei einem
Schutzabstand von 500 m einhalten /5-16/.

- Wasser

Die Gewässerbelastung durch Schadstoffeinleitung aus fossil befeuerten Kraftwerken ist unbedeutend. Zukünftig ist jedoch zu
beachten, daß durch den verstärkten Einsatz von Rauchgasreini-
gungsanlagen (SO_2- und/oder NO_x-Abscheidung) eine Verlagerung
von Luftemissionen über das Abwasser dieser Anlagen in die Gewässer stattfinden kann.

- Boden

Bei Kohlekraftwerken fallen große Mengen an Feststoffen an, bei
einem Mittellast 750 MW Block ca. 10^5 m³/Jahr /5-17/. Man kann
unterscheiden in
- Kesselraumasche
- Flugasche
- Gips oder Sulfitschlämme aus der
  Rauchgasentschwefelungsanlage

- Schlamm aus der Kühlturmzusatzwasseraufbereitung.

Die unter trocken entaschten Kesseln anfallenden Aschemengen
teilen sich wie folgt auf:
  - Brennkammer:
    Bei Kohlen mit normalem Aschegehalt 7-20 % (bis zu 30 %
    und mehr bei Ballastkohle und beim oder nach dem Reinigen
    der Brennkammer-Heizflächen).
  - 2. Zug (Luvo-Eco): 3-8 %.
  - Elektrofilter: 70-90 %.

Bei Schmelzkammerkesseln fallen je nach Bauart 50 bis 85 % des
Ascheaustrages bei Primäreinbindung als Granulat und ca. 15 bis
50 % als Filterstaub an. Da bei flüssig entaschten Kesseln der
Flugstaub jedoch fast immer in die Brennkammer zurückgeführt
wird, fallen ca. 100 % der Asche als Granulat an /5-2/.

In der Bundesrepublik Deutschland lag der gesamte jährliche Anfall von Schmelzkammergranulaten und Flugaschen aus Steinkohlen-
feuerungen 1974 bei etwa 5 Millionen t, von denen rund die
Hälfte einer Weiterverwendung zugeführt werden konnte. Einen
Überblick über die Verwendung und Anforderungen an Kraftwerksnebenprodukte gibt Tab. 5-3.

Auf der Grundlage von Befragungen, welche die VGB zur Erfassung
der Tendenzen bei der Verwertung von Verbrennungsrückständen in
den Jahren 1965, 1970, 1974, 1975 und 1976 durchführte, konnten
die in Tab. 5-4 aufgeführten Durchschnittswerte ermittelt
werden /5-19/.

Aus ihr ist ersichtlich, daß nur etwa 50 % der anfallenden
Kraftwerksnebenprodukte verwertet werden können. Der Rest muß
deponiert werden. Dies stellt bei Braunkohlenkraftwerken
üblicherweise kein Problem dar, da hier die Verbrennungsrück-
stände gegenüber dem zur Förderung im nahegelegenen Tagebau notwendigen Versatz mengenmäßig nicht ins Gewicht fällt.
Bei den übrigen Kraftwerken ist die Suche nach einem geeigneten
Gelände schwieriger.

Tab. 5-3: Kraftwerksnebenprodukte Anforderung und Verwendung /5-18/

Kraftwerks-nebenprodukt	Verwendung im Bauwesen als zur	Anforderungen nach
1. Steinkohlen-flugasche	1.1 Betonzusatzstoff 1.2 Flugaschezement Herstellung	"Richtlinie für die Erteilung von Prüfzeichen für Steinkohlenflugasche als Betonzusatzstoff nach DIN 1045"
	1.3 Portlandzementklinker Herstellung	
	1.4 Mauerstein Herstellung	bauaufsichtl. Zulassung der Mauersteine
	1.5 Leichtzuschlag Herstellung	DIN 4226 Bl 2 (Dez.71)
	1.6 Füller in bituminösen Tragschichten	Merkblatt für die Prüfung von Gesteinsmehlen und anderen feinkörnigen Stoffen für den Bau bituminöser Straßen und für verwandte Gebiete
2. Braunkohlen-flugasche	2.1 Füller in bituminösen Tragschichten	
	2.2 Schottmaterial für Straßendämme	
3. Schlacken-granulat	3.1 Betonzuschlag	DIN 4226 Bl 1 (Dez 71)
	3.2 Zuschlag für Mauersteine	bauaufsichtl. Zulassung der Mauersteine
	3.3 Sande in bituminösen Tragschichten	Merkblatt für die Prüfung von Gesteinsmehlen und anderen feinkörnigen Stoffen für den Bau bituminöser Straßen und für verwandte Gebiete
	3.4 Filtermaterial um Entwässerungsleitungen	
4. Rostschlacke	4.1 Schuttmaterial für Straßendämme	
5. Müllverbrennungs-schlacke	5.1 Betonzuschlag	bauaufsichtliche Zulassung
	5.2 Schuttmaterial für Straßendämme	
6. Calciumsulfat aus der Rauchgasentschwefelung	6.1 Erstarrungsregler im Zement	
	6.2 Baugips	DIN 1168
	6.3 Straßenbaustoff	

Tab. 5-4: Ascheanfall in Kraftwerken, sowie deren Verwertung

| Feuerungsanlage | | Jahr | Aschenmenge (kg/TJ Inp.) | | | Verwertung |
Brennstoff	Feuerungs-art		Grobasche	Flugasche	Gesamt	(%)
Steinkohle	Schmelz-feuerung	1970	5 293,5	854,2	6 147,6	76.0
		1974	5 812,8	597,6	6 410,4	53.6
		1976	4 956,1	752,0	5 708,1	67.3
	Trocken-feuerung	1970	866,6	3 323,0	4 189,6	42.3
		1974	674,2	3 196,8	3 870,9	38.5
		1976	542,9	2 990,3	3 533,2	41.6
	Rost-feuerung	1970	4 164,3	284,9	4 449,2	94.1
		1974	4 679,4	387,5	5 066,9	82.9
		1976	6 608,9	849,7	7 458,6	83.5
Braunkohle	Trocken-feuerung	1970	2 659,1	7 131,6	9 790,8	4.7
		1974	1 691,7	7 758,4	9 450,1	1.6
		1976	1 850,4	7 399,6	9 250,0	1.8
Müll	Rost-feuerung	1970	-	-	-	-
		1974	42 543	3 834	46 377	27,5
		1976	39 609	6 403	46 012	20.3

Die Deponierung von Kraftwerks-Nebenprodukten ist nach dem Ab-
fallbeseitigungsgesetz genehmigungspflichtig. In Vorunter-
suchungen muß geprüft werden, ob eine Deponie an diesem
Standort nicht zu vertretbaren sekundären Umweltbelästigungen
führt. Die bei der Deponierung von Rückständen auftretenden
Probleme lassen sich vorwiegend drei Bereichen zuordnen:
     Wasserwirtschaft
     Bautechnische Maßnahmen
     Weiterverwendung des Geländes.

Primär werden die Wasserverhältnisse im vorgesehenen Deponiegelände durch das Zusammenwirken von Niederschlag, Wind,

Temperatur und Entwässerungsverhältnissen bestimmt. Auswirkungen der geplanten Deponie auf die Grundwasserverhältnisse, auf das Mikroklima und auf die Immission müssen durch Gutachten und Untersuchungen im Rahmen des Planfeststellungsverfahrens ermittelt werden. Ob eine Beeinflussung der Gewässerqualität zu erwarten ist, läßt sich durch Auslaugungsversuche, in denen die Komponenten und ihre Konzentration bestimmt werden, ermitteln /5-2/. In bezug auf die Löslichkeit von Spurenelementverbindungen aus deponierten Flugstäuben wird dargelegt, daß das Schüttelverfahren nach den "Deutschen Einheitsverfahren" zwar für Vergleichszwecke geeignet ist, jedoch das Verhalten einer Aschedeponie in der Praxis nicht ausreichend beschreibt. Läßt man dagegen Wasser durch Flugstaub in einer Säule sickern, so zeigt sich erstens, daß der Flugstaub das Wasser im Porenraum weitgehend zurückhält, und zweitens, daß nach kurzer Zeit die Konzentrationen an Spurenelementverbindungen im Eluat unter Werte fallen, wie sie in der Trinkwasserverordnung /5-88/ festgelegt worden sind /5-89/.

5.1.3   Technische Möglichkeiten zur Verminderung der
          Emissionen

Die Emissionsminderung kann durch primäre und/oder sekundäre Maßnahmen bewirkt werden. Als primär werden alle Maßnahmen bezeichnet, die durch eine Brennstoffreinigung oder durch konstruktive Änderungen an den Brennkammern, Brennern, Brenneranordnung und der Rauchgas- und Verbrennungsluftführung eine Emissionsminderung bewirken sollen. Demgegenüber spricht man bei der Rauchgasreinigung von einer sekundären Maßnahme.
Die Möglichkeiten der Emissionsminderung ist je nach Schadstoff- und Feuerungsart sehr unterschiedlich.

- Staub

Einen Überblick über Stand und Entwicklungstendenzen auf dem Gebiet der Staubabscheidetechnik wird in /5-20/ gegeben.
Durch den sich verstärkenden Weltkohlehandel besteht eine Ten-

denz Kohlekraftwerke für einen zunächst nichtspezifischen Brennstoff zu planen, um die jeweils billigste Kohle einsetzen zu können. Für ein Elektrofilter hat dieses zur Konsequenz, daß es für den Brennstoff dimensioniert werden muß, der erwartungsgemäß die schwierigsten Bedingungen zur Folge haben wird. Es handelt sich hierbei einerseits um Brennstoffe mit extrem hohem Aschegehalt und andererseits um für das Elektrofilter chemisch ungünstige Voraussetzungen, z.B. geringe Feuchtigkeit, niedriger Schwefelgehalt, niedriger Sodiumgehalt und dgl. Der hohe Aschegehalt bedingt einen hohen Abscheidegrad, wodurch der Wert "Wandergeschwindigkeit x spezifische Niederschlagsfläche" sehr hoch wird. Wegen der ungünstigen chemischen Verhältnisse sowie der ungünstigen Relation Säuregehalt zu Aschemenge, arbeitet das Elektrofilter mit sehr niedriger Wanderungsgeschwindigkeit. Dieses bedeutet eine große spezifische Niederschlagsfläche, was zur Folge hat, daß Elektrofilter extrem groß werden müssen /5-21/.

In der Vergangenheit wurden mit den Kaltgasfiltern teilweise schlechte Erfahrungen gesammelt. Die Ursache liegt im wesentlichen in Konstruktionsdetails, die ein einwandfreies Abreinigen der Filter-Niederschlagsflächen nicht ermöglichen. Brennstoffe, wie oben geschildert, haben einen sehr hohen ohmschen Staubwiderstand mit der Folge, daß sie an der Niederschlagsfläche ihre Ladung nicht abgeben und somit an der Niederschlagsplatte stark haften. Nur Konstruktionen mit einem sehr effektiven Abreinigungsmechanismus können Stäube aus oben geschilderten Brennstoffen abscheiden. Hierbei ist nicht nur die Einbringungen eines hohen Schlagimpulses von Bedeutung, sondern auch die Tatsache, daß durch günstige Formgebung und Befestigung der Niederschlagselektroden diese hohen Beschleunigungswerte am gesamten Plattenverband auftreten.

Diese geschilderten teilweise negativen Erfahrungen mit Kaltgas-Filtern sowie die Tatsache, daß diese unter ungünstigen Voraussetzungen extreme Größen annehmen, ließen in den vergangenen Jahren nach Alternativen Ausschau halten. Eine Alternative zur Überwindung der Hochohmigkeit von Stäuben scheint das

Heißgas-Filter zu sein, das nicht im üblichen Temperaturbereich von 120 ^{o}C bis 150 ^{o}C hinter dem Luvo (Luftvorwärmer) angeordnet ist, sondern vor dem Luvo in einem Temperaturbereich in der Größenordnung von 300 ^{o}C-400 ^{o}C arbeitet /5-21/.

Zur Verbesserung der Kaltgasentstaubung bieten sich zum Teil in Abhängigkeit von der Flugaschenbeschaffenheit verschiedene Möglichkeiten an:

- Nachrüstung zusätzlicher Entstauber /5-22/
- Rauchgaskonditionierung durch Wasser, SO_3, NH_3 oder Feststoff-Zugabe
- Konstruktive und verfahrenstechnische Maßnahmen

Die apparativ und regelungstechnisch einfachste Lösung zur Senkung des elektrischen Widerstandes ist die Wassereindüsung in den Rauchgasstrom vor dem Luvo /5-23/. Von Nachteil ist jedoch der relativ hohe Wasserbedarf sowie die dadurch bewirkte Verschlechterung des Kesselwirkungsgrades. Die Eindüsung von Wasser zwischen Luvo und Filter vermeidet diesen Nachteil. Entsprechende Versuche im Großkraftwerk Mannheim verliefen positiv /5-24/.

Dem vorhandenen E-Filter wurden eine Sprühstrecke und ein weiteres E-Filter nachgeschaltet. Durch das Einsprühen von Rheinwasser wurde die Abgastemperatur von etwa 150 auf 90 ^{o}C verringert, dabei verringerte sich der Staubgehalt des Rauchgases von rund 900 auf 20 mg/m^3. Auch nach dem Ausschalten des E-Filters vor der Sprühstrecke konnte durch das nachgeschaltete Filter mit Wasserkonditionierung ein Reingasstaubgehalt von rund 30 mg/m^3 eingehalten werden.

Die Rauchgaskonditionierung durch SO_3-Zugabe ist ein seit langem bekanntes Verfahren. Es genügen bereits kleinste Mengen (ca. 30 ppm), um eine drastische Widerstandsabsenkung zu erreichen. Obwohl bei der Handhabung von SO_3 sich in der Praxis zunächst allg. Schwierigkeiten einstellten, ist ein entsprechendes Verfahren im Kraftwerk Barbara der Saarbergwerke AG bislang mit positiven Erfahrungen im Einsatz /5-23/. Hier konnte durch geringe Mengen SO_3 (15 bis 5 ppm) eine Absenkung des Reingas-Staubgehaltes von etwa 1000 auf unter 50 mg/m^3 erreicht werden, selbst nach Abschalten der SO_3-Eindüsung hielt der konditionierende Effekt noch eine zeitlang an. Über die Rauchgaskonditionierung durch Zugabe von NH_3 und Feststoffen wie NaCl, Na_2CO_3 und Na_2SO_4 liegen bisher nur geringe Erfahrungen vor /5-25/. Die kommerzielle Einsetzbarkeit ist noch abzuklären.

Insgesamt kann man sagen, daß die Entstaubungstechnik einen so hohen Stand erreicht hat, daß bei Neuanlagen die Reingasemission nur noch Feinstaub enthält. Die weitere Entwicklung ist deshalb gezielt auf Verbesserungen im Feinstaubbereich gerichtet. Ein besonderes Anwendungspotential dürfte hier für filternde Abscheider bestehen, mit denen bei relativ geringem Aufwand Reingaskonzentrationen von wenigen mg/m^3 erreicht werden können. Das sind Zielwerte, die bei der ständig zunehmenden Belastung der Umwelt mit persistenten und akkumulierenden Schadstoffen schon in der näheren Zukunft in das Blickfeld rücken werden.

Zur Theorie von Faserfiltern sei auf /5-26/ verwiesen. Eine Übersicht über den Stand der Anwendung von Gewebefiltern gibt /5-27/. Über den Einsatz von Schlauchfiltern im Kraftwerk Siersdorf berichtet /5-28/. Die Filterleistung war stets zufriedenstellend. Schwierigkeiten traten auf bei der Schlauchhaltungskonstruktion. Ungeklärt ist weiterhin, ob der Druckverlust über die Reisezeit ständig zunimmt oder aber einem Grenzwert zustrebt.

Schwefeldioxid, SO_2

Zur Senkung der SO_2-Emission aus fossil befeuerten Kraftwerken stehen alternative Technologien zur Verfügung:

- Brennstoffentschwefelung
- Rauchgasentschwefelung

Allein der im Pyrit gebundene Schwefel (ca. 1 %) kann durch me-
canische aufbereitungstechnische Maßnahmen abgetrennt werden.
Die Verfahrenstechnik hierzu ist weitgehend gelöst, und es gelingt
so, den Schwefelgehalt der Kraftwerkskohle von 13 auf 10 g/kg SKE
zu senken /5-35/.

- Rauchgasentschwefelung (RGE)

Bei den Bemühungen um einen verbesserten Immissionsschutz stand
die RGE jahrelang im Mittelpunkt der Diskussion. Dies führte zu
umfangreichen systemanalytischen Untersuchungen über die Ein-
satzfähigkeit und Kosten dieser Verfahren /5-29, 5-30/. Die Diskussion um die technische Realisierbarkeit ist heute als abgeschlossen anzusehen. Weltweit sind etwa 100 verschiedene Verfahren bekannt. In den USA beispielsweise waren Ende 1978
49 Rauchgasentschwefelungsanlagen mit einem Leistungsäquivalent
von über 18000 MW (elektrische Kraftwerksleistung) in Betrieb
/5-31/. Bis Ende 1985 sollen in den USA 133 RGE-Anlagen mit
einer Gesamtkapazität von 58 GW (elektrischer Kraftwerksleistung) in Betrieb sein /5-32/. In Japan sind die Bemühungen um
eine Verbesserung der Luftqualität noch weiter fortgeschritten.
Ende 1977 waren dort bereits 562 RGE-Anlagen mit einer Gesamtkapazität von 30 GW (elektrischer Kraftwerksleistung) instal-
liert /5-33, 5-34/. Der Anwendungsstand der RGE in Kraftwerken
der Bundesrepublik Deutschland ist aus der Tab. 5-5 /5-32/ ersichtlich.

Die RGE-Verfahren können klassifiziert werden (vgl. Tab. 5-6
und Abb. 5-1) in
          - Trocken-Regenerativ-Verfahren
          - Naß-Regenerativ-Verfahren
          - Throw-away-Verfahren
          - Waschverfahren mit verwendbarem Endprodukt

Bei den in der Bundesrepublik Deutschland dominierenden
Kalkwaschverfahren (vgl. Tab. 5-5) werden die Rauchgase mittels
einer Kalk- oder Kalksteinsuspension gewaschen. Ein Teilstrom

Tab. 5 –5:   Rauchgasentschwefelungsanlagen in Kraftwerken der
Bundesrepublik Deutschland /5–32/

	Betreiber/ Standort	Kraftwerks- Kapazität (MW) Brennstoff	Entschwefelungs- Kapazität (MW)	Entschwefelungs- verfahren	Inbetrieb- nahme
Prototyp- Anlagen	Steag/Lünen	Kohle	40	Bischoff Kalkwäsche/Schlamm	1971 (1973 Versuchspro- gramm beendet)
		Kohle	40	Bergbauforschung Aktivkohle/Schwefel	1974
	Saarbergwerke/ Weiher II	Kohle	40	Saarberg-Hölter Kalkwäsche/Gips	1974
	Heizwerk Köln	Öl	10	Walther Ammoniak/ Ammonsulfat	1977 (1978 Versuchspro- gramm beendet)
	Großkraftwerk Mannheim	Kohle	10		1979
Betriebs- anlagen	NWK/ Wilhelmshaven	700 Kohle	140	Bischoff Kalkwäsche/Schlamm	1977
			350		1982
	Saarbergwerke/ Weiher III	700 Kohle	170	Saarberg-Hölter Kalkwäsche/Gips	1979
			170		1982
	VKR/ Scholven F	740 Kohle	185	Thyssen-Mitsubishi Kalkwäsche/Gips	1979
			370		1983
	Preag/ Mehrum	700 Kohle	230	Babcock-BSH-Kawasaki Kalkwäsche/Gips	1981
			230		1984
	Steag/ Bergkamen A	750 Kohle	400	Steinmüller-Chemico Kalkwäsche/Gips	1981
			200		1984
	BEWAG/ B-Lichterfelde	450 Öl	150	Saarberg-Hölter Kalkwäsche/Gips	1982
			150		1983
	Saarbergwerke/ Völklingen	230 Kohle	230	Saarberg-Hölter Kalkwäsche/Gips	1982
	Steag/ Voerde A	750 Kohle	260	Steinmülier-Chemico Kalkwäsche/Gips	1982
			260		1985
	Steag/ Voerde B	750 Kohle	260	Steinmüller-Chemico Kalkwäsche/Gips	1983
			260		1986
	Saarbergwerke/ Bexbach	750 Kohle	280	Saarberg-Hölter Kalkwäsche/Gips	1985
			280		1988

Tab. 5-6: Klassifikation der RGE-Verfahren

	Rauchgas-behandlung	Weiterver-arbeitung	Endprodukt	Verfahrens-klasse
Rohgas (ent-staubt)	Sorption Naß / Trocken	Regeneration	SO_2-Reichgas Schwefel Schwefelsäure	Trocken-Regenerativ
				Naß-Regenerativ
	Wäsche	Eindick-stufe	Sulfit-Schlamm	Throw-away
		Oxydation	Gips Ammonsulfat	Waschverf. mit verwendb. Endprodukt

der im Kreislauf geführten Waschflüssigkeit wird ausgeschleust
und bei den Throw-away-Verfahren einem Eindicker zugeführt. Der
aus dem Eindicker abfließende Sulfit- und Sulfatschlamm wird
dann deponiert. Bei den Gipsverfahren wird der Teilstrom zunächst einer Oxidationsstufe zugeführt. Nach einer Ent-
wässerungs- und Trocknungsstufe wird dann das trockene wieder-
verwendbare Endprodukt Gips isoliert (vgl. auch Abb. 5-2). Die
einzelnen Kalk- bzw. Kalksteinverfahren unterscheiden sich im
wesentlichen durch /5-92/:

- die Art des verwendeten Additivs zur Verbesserung der Absorp-
  tionsbedingungen und zur Vermeidung von Anbackungen
- den pH-Wert
- das Flüssigkeits-/Gasverhältnis
- Kreislaufführung der Waschflüssigkeit
- die konstruktive Auslegung des Absorbers und sonstiger
  Aggregate.

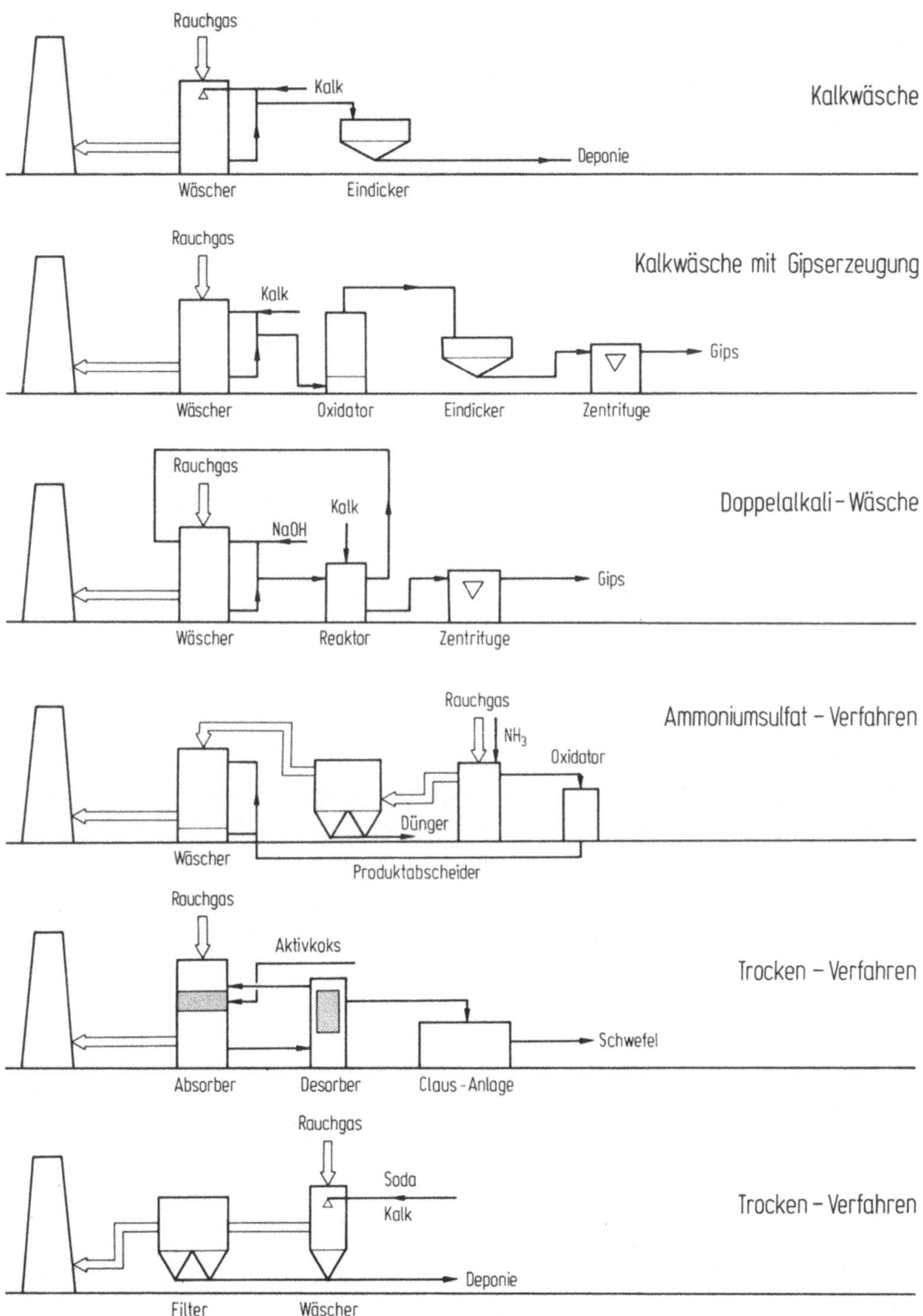

Abb. 5-1: Grundprinzipien der Entschwefelungsverfahren /5-92/

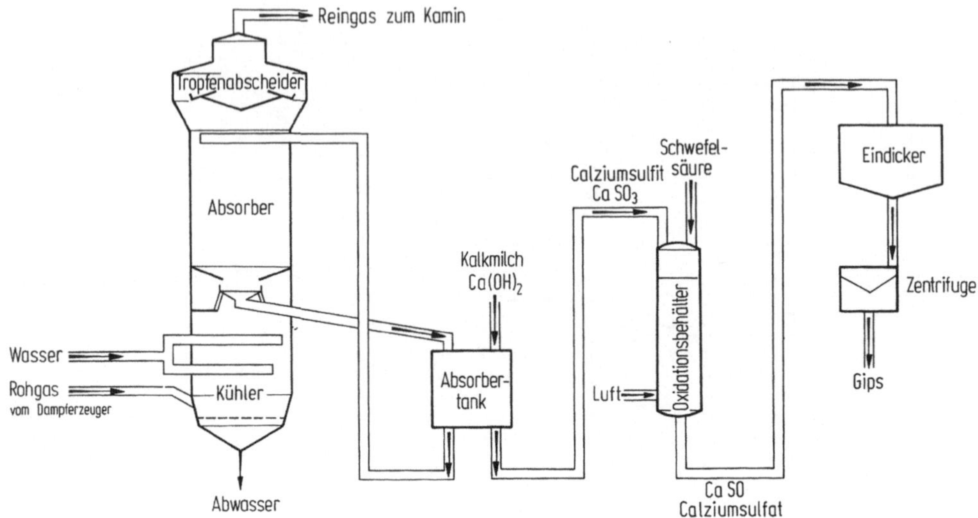

Abb. 5-2: Fließschema eines Kalwaschverfahrens mit Gips als Endprodukt /5-32/

Die Gefahr von Anbackungen oder Verkrustungen sowie das etwas ungünstige Absorptionsverhalten der Kalkwaschverfahren wird bei den sog. Doppelalkaliverfahren vermieden. Darunter versteht man Verfahren, bei denen das Rauchgas mit Waschlösungen mit besseren Lösungs- und Absorptionseigenschaften, z.B. Natronlauge, behandelt wird. Ein Teilstrom der im Kreislauf geführten und Sulfat- beladenen Waschflüssigkeit wird ausgeschleust und mit Kalk in Kontakt gebracht, wodurch eine Gipssuspension entsteht. Die hierdurch zurückgewonnene Natronlauge wird wieder dem Kreislauf zugeführt. Die bekannten Nachteile der Naßverfahren, Abwasseranfall und Rauchgaswiederaufheizung, können bei Einsatz von Trocken - Regenerativ - Verfahren vermieden werden. Diese Verfahren sind jedoch großtechnisch noch nicht verfügbar.

Aus Tab. 5-5 wird deutlich, daß Kalkwaschverfahren mit Gips als Endprodukt dominieren. Offensichtlich sind diese die derzeit kostengünstigsten Verfahren. Die Throw-away-Verfahren haben in der Bundesrepublik Deutschland kaum Chancen auf großtechnischen Einsatz, da entsprechend große Deponiegelände in Kraftwerksnähe nicht zur Verfügung stehen. Dies dürfte mit ein Grund dafür gewesen sein, daß bei der Erweiterung der entsprechenden Anlage in Wilhelmshaven dieses Verfahren (Bischoff) auf die Erzeugung von Gips anstelle des Sulfit-Schlammes umgestellt wird. Gips als Endprodukt der RGE-Anlagen ist im deutschen Markt offensichtlich gut unterzubringen. Der Gipsverbrauch betrug in der Bundesrepublik Deutschland 1978 insgesamt etwa $5 \cdot 10^6$ t, von denen ca. $3 \cdot 10^6$ t zu Baugipsen verarbeitet wurden. Die restlichen $2 \cdot 10^6$ t werden in der Zementindustrie als Erstarrungsregler eingesetzt. Davon sollen bis zu 500000 t mit RGE-Gips substituierbar sein. Wird der zementgebundene Estrich durch RGE-Gips substituiert, ergibt sich ein Einsatzpotential von ca. 1×10^6 t. Für den im Hochbau eingesetzten Gips werden hohe Qualitätsanforderungen gestellt. Der Einsatz von RGE-Gips ist daher nur beschränkt und nach entsprechenden weiteren Aufbereitungsstufen möglich /5-37, 5-41, 5-42/. Geht man vom Kohlevertrag zwischen dem Gesamtverband des deutschen Steinkohlebergbaus und der Vereinigung Deutscher Elektrizitätswerke (VDEW) aus ergibt sich für 1990 ein Steinkohleeinsatz für Verstromung von ca. 55×10^6 t /5-38/ und bei Einsatz nur eines Verfahrens (bei einem mittleren Schwefelgehalt der Kohle von 1,5 % und einer 77 %igen Entschwefelung sowie einem Ascheeinbindungsgrad von 5 %) ein Gipsanfall von ca. $3,2 \times 10^6$ t. Im Hinblick auf das oben angeführte Einsatzpotential von RGE-Gips erscheint es daher angezeigt, für zukünftige RGE-Anlagen auch Verfahren mit anderen Endprodukten z.B. Ammoniumsulfat oder Schwefel heranzuziehen.

Ein Verfahren mit Endprodukt Ammoniumsulfat wurde von der Firma Walther & Cie. AG entwickelt (vgl. Abb. 5-3).
Dem entstaubten Abgas des Kraftwerkskessels wird vor Eintritt in die Anlage Ammoniak zugesetzt. Das Gasgemisch durchströmt zunächst ohne Reaktion einen Sprühtrockner, dann ein Elektrofilter, danach einen Wärmetauscher und tritt schließlich bis wenig über die Wäschertemperatur abgekühlt in die erste Waschstufe ein. Nach weitgehender Tropfenabscheidung durchströmt es eine zweite Waschstufe und verläßt schließlich nach nochmaliger Tropfenabscheidung über den vorerwähnten Wärmeaustauscher

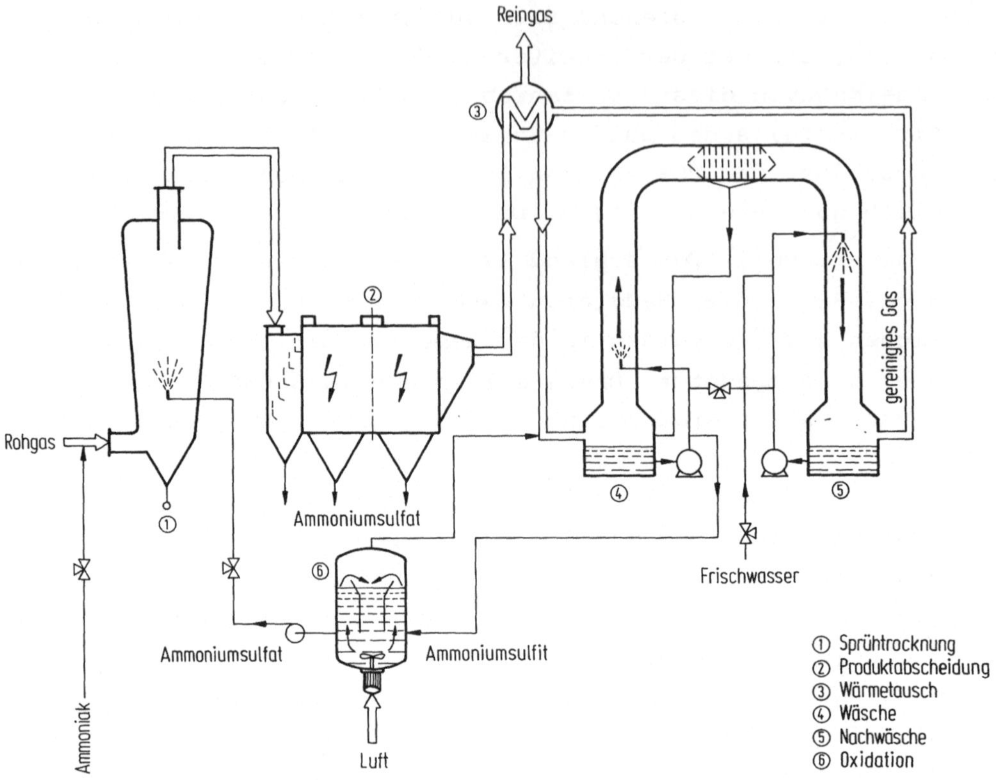

Abb. 5-3: Fließschema des Walther-Verfahrens /5-93/

wieder aufgeheizt die Anlage zum Schornstein. In der ersten
Waschstufe erfolgt die Reaktion zwischen Ammoniak und den
sauren Gaskomponenten, die anschließend als Salze in der im
Wäscher gebildeten Waschlösung vorliegen. Da hier nur ein
kleiner Teil des primär gebildeten Ammonsulfits zu dem
Endprodukt Ammonsulfat oxydiert wird, wird ständig ein bestimmter Teilstrom des Wäscherkreislaufs aus diesen entnommen und
einer Oxidationsstufe zugeführt /5-93/.

Vorteile des Verfahrens sind

- Endprodukt ist als Düngemittel verwendbar
- Es fällt kein Abwasser an
- Eine Wiederaufheizung der gereinigten Rauchgase
  entfällt.

Lange Zeit wurde die RGE von den Kraftwerksbetreibern unter
Hinweis auf die hohen Kosten abgelehnt.

Immerhin sind bei einem Steinkohlekraftwerk für eine Rauchgasentschwefelungsanlage Investitionen in Höhe von
$$ca. \ 180 \ DM/kW_{el}$$
entschwefelter Kraftwerkskapazität zu erbringen. Dies führt zu
einer Erhöhung der Stromgestehungskosten bei Mittellast von ca.
1,5 Pfennig, pro kWh, inklusiv der variablen Kosten.
Allerdings, so wird in /5-32/ ausgeführt, kann dies im Strom-
mischpreis nur zu einer Erhöhung um ca. 0,2 Pfennig/kWh führen.

Die Frage, ob der gleichzeitige Einsatz von Brennstoffentschwefelung und Rauchgasentschwefelung sinnvoll ist, kann nur im
Einzelfall entschieden werden. Nach /5-39, 5-40/ sind durchaus
kostenminimale Kombinationen denkbar.

<u>Stickoxide, NO_x</u>

Zur Senkung der NO_x-Emission wurden verschiedene Maßnahmen
vorgeschlagen /5-51, 5-69, 5-73, 5-60, 5-61/:

<u>1. Ohne erhebliche bauliche Veränderung der Anlagen</u>

- Wahl umweltfreundlicherer Brennstoffe
  (Brennstoff-Substitution)
- Herabsetzung des N-Gehaltes in Brennstoffen
- Nahstöchiometrische Verbrennung
- Absenkung der Verbrennungstemperatur durch direkte Kühlung
  der Flammen
- Verminderte Vorwärmung der Verbrennungsluft
- Dampf- oder Wasserinjektion in den Flammenkern
- Bei Vorhandensein mehrerer Brenner(gruppen) abwechselnd
  stark unter- und stark überstöchiometrische Verbrennung
- Herabsetzung der Brennkammerbelastung
- Kombinationen dieser Maßnahmen

2. Mit Anlagen-Modifizierung

- Zwei- und mehrstufige Verbrennung (Brenner oder Brennraum)
- Kühlflächen-Vergrößerung
- Verbrennungsgas- bzw. Abgasrezirkulation
- NO_x - arme Brenner

Nach heutigem Stand der Technik kommen Kohleaufbereitungs-
verfahren zur NO_x-Minderung nicht in Betracht. Brennstoff-Stick-
stoff kann durch hydromechanische Aufbereitung nicht entfernt
werden. Maßnahmen zur Herabsetzung des Luftüberschusses, der
Lufttemperatur oder der Verbrennungstemperatur kommen wegen
ihrer geringen Minderungswirkung kaum in Frage. Präferiert wird
von amerikanischen Kesselbaufirmen der Einsatz von NO_x-armen
Brennern sowie der Mehrstufenverbrennung /5-76/.
Inzwischen wurden von verschiedenen Firmen NO_x-arme Brenner ent-
entwickelt, z.B. /5-77/:

- Dual Register Burner, Firma Babcock u. Wilcox
- Dual Throat Burner, Firma Forster-Wheeler
- Controlled-Flow/Variable Velocity-Split Flame Burner,
  Firma Forster-Wheeler
- Distributed Mixing Burner, Firma Energy and Environmental
  Research Corporation
- Stufenmischbrenner, Firma Steinmüller

Aufgrund der inzwischen gemachten Erfahrungen kann bei Trocken-
feuerungen eine 50 %ige Minderung der NO_x-Emissionen erwartet
werden /5-78, 5-81/. Bei einer Schmelzfeuerung (Walsum) konnten
durch verschiedene Maßnahmen NO_x-Emissionsminderungen von
30-60 % erzielt werden /5-82, 5-83/.
Sollten die durch feuerungstechnische Maßnahmen erzielbaren
Emissionsminderungen vom Gesetzgeber als nicht ausreichend angesehen werden, müßten zu einer weiteren Reduktion der
NO_x-Emissionen, NO_x-Rauchgasreinigungsverfahren eingesetzt
werden. Solche Verfahren werden bisher großtechnisch nur in
Japan eingesetzt. In der Bundesrepublik Deutschland werden derzeit Versuchsprogramme hierzu durchgeführt. Eine Übersicht über

den Entwicklungsstand der NO_x-Abscheidetechnologien und deren Kosten wird in /5-84, 5-85/ gegeben.

Bei der Entwicklung von Verfahren zur NO_x-Abscheidung aus Kraftwerks-Rauchgasen in Japan wurden zwei Strategien verfolgt: einerseits die Entwicklung von Verfahren zur ausschließlichen NO_x-Abscheidung mit ggf. vorausgehender oder anschließender Rauchgasentschwefelung, andererseits die Entwicklung von Verfahren zur Simultanabscheidung von SO_2 und NO_x. Etwa 45 Verfahren wurden - teilweise bereits bis zur kommerziellen Reife - bzw. werden entwickelt. Es sind mittlerweile ca. 115 NO_x-Abscheide-Anlagen in Betrieb bzw. projektiert; deren Kapazitäten reichen von wenigen m³/h (Labormaßstab) bis zu 2 000 000 m³/h Rauchgasdurchsatz.

Da bei den Rauchgasen aus industriellen Feuerungsanlagen neben NO_x in der Regel auch weitere, ggf. ebenfalls abzuscheidende Schadstoffkomponenten, besonders SO_2 und Staub, vorliegen, ergeben sich für eine Verfahrenskonzeption grundsätzlich die Möglichkeiten einer Simultanabscheidung von NO_x und anderer Komponenten (SO_2) oder aber einer ausschließlichen NO_x-Abscheidung mit ggf. vor- oder nachgeschalteten Abscheidestufen für die anderen Komponenten. Der Komplex "Rauchgas-Entstickung" bei fossilen Kraftwerken muß somit auch im Zusammenhang mit dem Problembereichen Rauchgas- und/oder Brennstoff-Entschwefelung und Staubabscheidung gesehen werden. Grundsätzlich sind die in folgender Abbildung 5-4 /5-84/ gezeigten Systemkonfigurationen für die Abscheidung von NO_x, SO_2 und Staub gegeben, die sich vor allem hinsichtlich Energiebedarf, Investitionen u.a.m. unterscheiden.

CO_2, CO, C_mH_n, HF, HCl, Kancerogene Stoffe, Radionuklide

HF, HCl, Radionuklide fallen bei der Verbrennung der Kohle als deren Begleitstoffe ebenso zwangsläufig an wie CO_2. Eine Emissionsminderung erscheint derzeit nur für HF und HCl möglich. Diese Stoffe werden zum großen Teil bei einer evtl. Rauchgas-

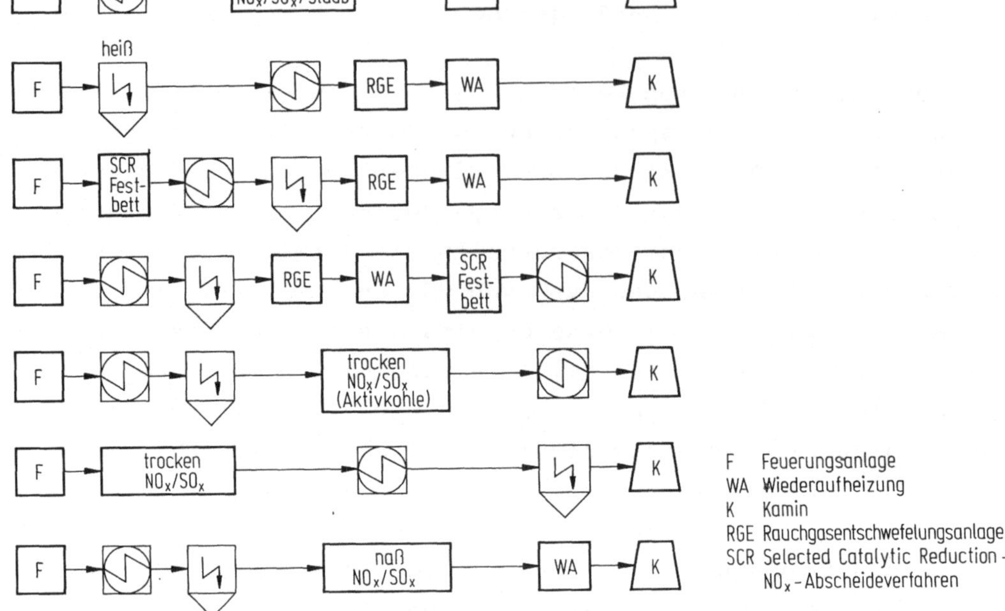

Abb. 5-4: Systemkonfigurationen zur NO_x-, SO_2- und Staub-abscheidung /5-84/

entschwefelung (Kalkwasch-Verfahren) mitausgewaschen /5-86/. Da Halogenide die Qualität des erzeugten Rauchgasgipses beeinträchtigen, müssen diese Stoffe aus dem Waschflüssigkeitskreislauf der Entschwefelungsanlage ausgeschleust werden, was zu Abwasserproblemen führen kann. Versuche die Halogenide in einer vorgeschalteten trockenen Abscheidestufe mit Formlingen aus Calciumhydroxid als Absorptionsmittel abzuscheiden waren nicht erfolgreich /5-87/. Die Emission von C_mH_n, kancerogenen Stoffen und CO kann durch feuerungstechnische Maßnahmen minimiert werden. Diese decken sich mit den aus wärmewirtschaftlichen Gründen und zur Vermeidung von Kesselkorrosionen angewandten Maßnahmen zur Erzielung eines möglichst guten Abgasausbrandes. Neben konstruktiven Parametern ist hier insbesondere der Luftüberschuß von Bedeutung. Die Emission organischer Verbindungen aus großen Feuerungsanlagen ist im Vergleich zu anderen Emissionsquellen außerordentlich gering. Der von der Wirkungsforschung erhobenen Forderung, die Emission kanzerogener organischer Verbindungen generell soweit wie möglich zu vermindern, wird damit bei Großfeuerungsanlagen Rechnung getragen.

Die Emissionsbegrenzung erfolgt in der TA Luft hilfsweise über den Kohlenmonoxidgehalt, da CO die Ausbrandgüte des Abgases hinreichend kennzeichnet und automatische Meßgeräte für die Emissionsüberwachung zur Verfügung stehen. Als Luftverunreinigung ist CO im Zusammenhang mit Großfeuerungen bedeutungslos /5-86/.

5.1.4   Daten

Die Emissionsfaktoren sind jeweils bezogen auf 1 TJ Input.

- Bestehende Kraftwerke

Gesamtstaub	75	kg	/5-5/
Pb	0,2	kg	/5-5/
Cd	0,004	kg	/5-5/
Tl	0,0009	kg	/5-100/
Zn	0,3	kg	/5-5/
SO_2	890	kg	/5-5/
NO_x (als NO_2 gerechnet)	240	kg	/5-5/
CO_2	93'850	kg	/5-101/
CO	15	kg	/5-5/
C_nH_m	3,4	kg	/5-5/
Cl-Verb.	30,0	kg	/5-5/
F-Verb.	4,0	kg	/5-5/

- Neue Kraftwerke

Gesamtstaub	35	kg	/5-5/
Pb	0,06	kg	/5-99/
Cd	0,0012	kg	/5-99/
Tl	$0,0009^{1)}$	kg	/ - /
Zn	$0,3^{1)}$	kg	/ - /
SO_2	$890^{2)}/290^{3)}$	kg	/5-99/
NO_x (NO_2) Bestehende Technologie	$500^{4)}/750^{5)}$	kg	/5-99/
NO_x (NO_2) Neue Technologie	$260^{4)}/500^{5)}$	kg	/5-99/
NO_x (NO_2)	$346^{6)}/577^{7)}$	kg	/ - /
CO_2	$106480^{1)}$	kg	/ - /
CO	$15^{1)}$	kg	/ - /
C_nH_m	$3,4^{1)}$	kg	/ - /
Cl-Verb.	15	kg	/5-99/
F-Verb.	2	kg	/5-99/

---

[1] Übernahme der alten Werte, da für Neuanlagen keine Daten verfügbar sind

[2] Ohne Rauchgasentschwefelung

[3] Mit Rauchgasentschwefelung (Grenzwert 850 mg SO_2/m^3)

[4] Trockenfeuerung

[5] Schmelzfeuerung

[6] Durchschnitt bei 1/3 Schmelz- u. 2/3 Trockenfeuerung, bestehende Techn.

[7]   "   "   "   "   "   " , neue Techn.

5.2 Kombinierte Kraftwerksprozesse

Die Möglichkeiten einer besseren Energieausnutzung scheinen im konventionellen Dampfturbinenprozeß für die Stromerzeugung ausgeschöpft zu sein. Eine weitere Wirkungsgradverbesserung bieten jedoch neue Kraftwerkskonzepte, bei denen der Dampfturbinen- mit dem Gasturbinenprozeß gekoppelt wird /5-102, 5-103/. Prinzipiell stehen zwei Varianten zur Verfügung. In der einen wird der Prozeß mit "nachgeschaltetem Kessel" ausgeführt. Bei ihm erfolgt die Dampferzeugung hinter der Gasturbine bei Atmosphärendruck. Die zweite Variante ist der Kombiprozeß mit "aufgeladenem Kessel". Der Dampf wird in diesem Fall vor der Gasturbine erzeugt, im Druckbereich zwischen Kompressor und Gasturbine /5-104/.

Nachdem Erdöl sowie Erdgas bereits seit längerem in Kombianlagen als Brennstoff eingesetzt werden, zielen neuere Entwicklungen darauf ab, den Gasturbinen-Dampfturbinenprozeß so zu modifizieren, daß auch Kohle als Brennstoff genutzt werden kann /5-105/. Dazu ist es notwendig, aus oder mit Kohle in einem vorgeschalteten Prozeß ein maschinenreines Gas zu gewinnen, das in der Gasturbine eingesetzt werden kann. Prinzipiell bieten sich dabei zwei Verfahren an, die Vergasung der Kohle sowie die Verbrennung in der Wirbelschicht.

5.2.1   Verfahrensbeschreibung

Aus der Vielzahl der Verfahren und Verfahrenskombinationen sind die aus deutscher Sicht wichtigsten ausgewählt und kurz beschrieben. Für die Vergasung stehen als Teilvergasung das VEW-Kohleumwandlungsverfahren, das von dem Unternehmen Vereinigte Elektrizitätswerke Westfalen AG entwickelt wurde sowie als vollkommene Vergasung der Kohledruckvergasungsprozeß der Firmen STEAG AG und Lurgi-Mineralöltechnik GmbH. Als Beispiel für eine mit dem Kombiprozeß gekoppelte Wirbelschichtfeuerung dient das Modellkraftwerk Völklingen, ausgeführt von der Saarbergwerke AG.

- VEW-Kohleumwandlungsverfahren
Die Anlage setzt sich aus der Gaserzeugungs-, der Gasreinigungs- und der Dampferzeugungsanlage zusammen. Die in den Gaserzeuger eingebrachte Kohle wird teilentgast und die fühlbare Wärme des austretenden Gas-Koksgemisches für die Erzeugung von Dampf genutzt. In einem Zyklon werden Koks- und Teerstaub von dem Gasstrom getrennt und in dem nachgeschalteten Dampferzeuger verbrannt. Das Gas wird in mehreren Reinigungsstufen von noch

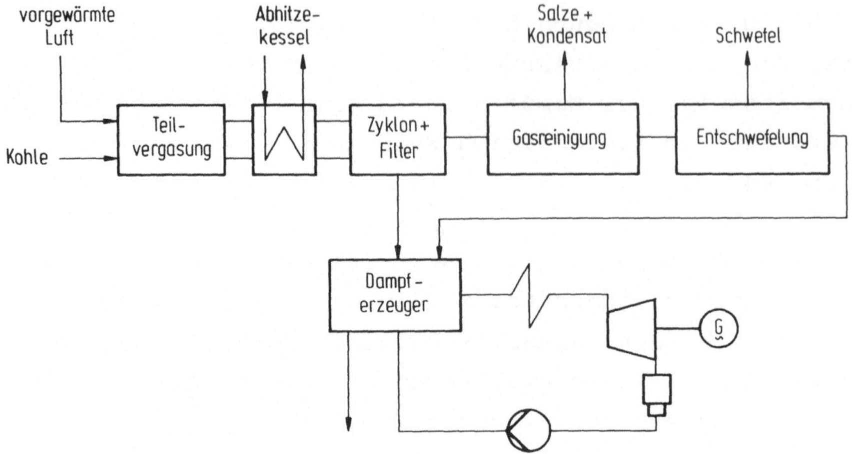

Abb. 5-5: Schema des VEW-Kohleumwandlungsverfahrens /5-107/

enthaltenen Staubpartikeln und Schadstoffen wie Salz oder
Schwefel gesäubert und den Brennkammern des Gasturbinensystems
zugeführt /5-106/. (Vgl. Abb. 5-5)

Die grundlegenden Probleme der Teilvergasung, wie etwa die
Vorbehandlung der Kohle und das Abtrennen des heißen Kokses
wurden in dem mehrjährigen Betrieb einer Pilotanlage erforscht.
Die Folgeprojekte sollen bei Überdruck arbeiten, da die Drucker-
höhung einige Vorteile mit sich bringt. So gestaltet sich z.B.
die Gasreinigung einfacher, die Schwefelgasabscheidung kann
verbessert werden, die Heizflächen und damit das gesamte Bauvolumen können verkleinert werden und schließlich erfolgt in
der Gasturbine eine bessere Nutzung der "Druckenergie" des eingesetzten Brennstoffs /5-107/.

- Kohledruckvergasung
Das Prinzip der vollkommenen Vergasung von Kohle und der Einsatz des Kohlegases in einen kombinierten Gasturbinen-/Dampftur-
binenprozeß zur Stromerzeugung wurde mit dem Steag-Lurgi-Kraft-
werkskonzept verwirklicht.

Die Prototypanlage (170 MW - KDV-Kraftwerk Lünen) ist durch
drei Hauptkomponenten gekennzeichnet, die Vergasung und Gas-

reinigung, das Kopplungsglied sowie der Kombiblock, bestehend
aus Dampfturbinen- und Gasturbinenprozeß (vgl. Abb. 5-6)
/5-108/.

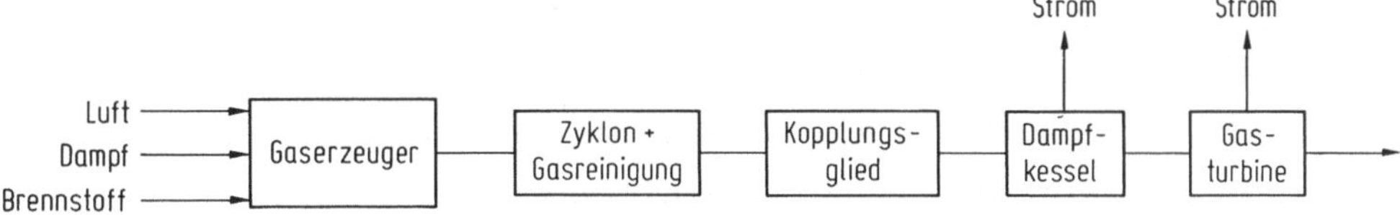

Abb. 5-6: Kohledruckvergasung und Kombiprozeß /5-108/

Das Kernstück des Gaserzeugungsblocks ist eine Lurgi-Druckverga-
sungsanlage, in der unter Zugabe von Luft und Wasserdampf ein
Schwachgas erzeugt wird. Da im Gasblock und im Kombiblock
unterschiedliche Drucke herrschen, 20 bar bzw. 10 bar, wird das
Reingas in dem Kopplungsteil auf den erforderlichen Betriebsdruck entspannt. In der Brennkammer des druckgefeuerten Dampfer-
zeugers wird das Gas verbrannt. Mit ca. 810 °C verlassen die
Rauchgase den Kessel und treten in die Gasturbine ein /5-109,
5-110/.

- Modellkraftwerk Völklingen
Bei diesem Anlagenbeispiel wird die Gasturbine nicht mit
Rauchgasen aus der Kohlengasverbrennung versorgt, sondern mit
Luft, die in den Heizflächen einer Wirbelschichtfeuerung und
der Turbinenbrennkammer auf die erforderliche Turbineneintritts-
temperatur gebracht wird /5-111/. Das besondere dieser Anlage
liegt in der Kombination von Gasturbine/Wirbelschichtfeuerung
und Wirbelschicht-/Staubfeuerung/Dampferzeuger.

Die heiße Abluft der Turbine dient dazu, sowohl die Wirbelschichtfeuerung als auch die nachgeschaltete Staubfeuerung mit
der notwendigen Verbrennungsluft zu versorgen. Die Rauchgase
der Wirbelschichtfeuerung werden unterhalb der Staubbrenner in
den Dampferzeuger eingeleitet, so daß an dessen Rohrsystem
nicht nur die Strahlungswärme der Staubfeuerung, sondern auch
die Berührungswärme der Rauchgase aus der Wirbelschichtfeuerung

übertragen werden /5-112/. Die Entstaubung der Rauchgase wird
in einem Elektrofilter vorgenommen, der einer Entschwefelungsanlage vorgeschaltet ist. Das gereinigte Rauchgas wird schließlich im Kühlturm mit der Kühlluft vermischt und an die Atmosphäre emittiert. Durch das Vermischen mit der Kühlturmabluft
wird die SO_2-Restkonzentration/m³ Abluft weiter gesenkt, das
Ausbreitungsverhalten ist viel günstiger und außerdem entfällt
das Wiederaufheizen der in den Reinigungsstufen abgekühlten
Rauchgase /5-113/. (Vg. Abb. 5-7)

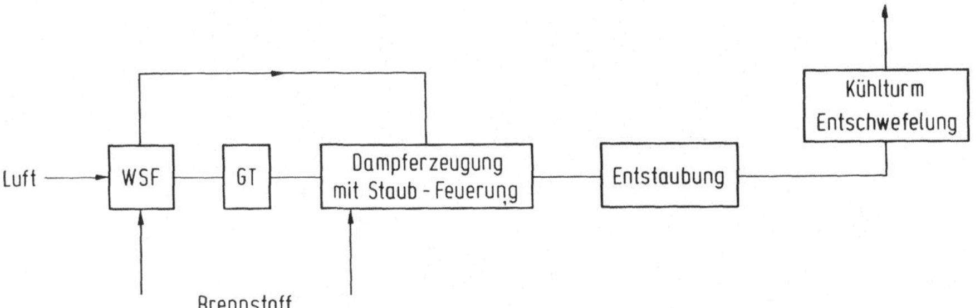

Abb. 5-7: Kombi-Kraftwerk mit Wirbelschichtfeuerung /5-128/

5.2.2   Umweltrelevante Probleme

Bei den beschriebenen Kombikraftwerken ergeben sich mögliche
Umweltauswirkungen im wesentlichen aus der Kohlevergasung bzw.
aus der Kohlenverbrennung. Als Hauptkomponenten fallen im
Vergasungsprozeß H_2, CO, H_2O, CO_2 und ein geringer Anteil CH_4
an /5-114/. Des weiteren reagiert der Schwefel der Kohle zu
H_2S, COS und CS_2 und es bilden sich Verbindungen wie NH_3, HCN,
HCl, HF sowie organische Metallverbindungen wie Carbonyle,
Sulfide oder ähnliches. Schließlich kann der Gasstrom noch Koks
sowie Staub enthalten und bei niedrigen Vergasungstemperaturen
möglicherweise auch kondensierbare Bestandteile wie Teere,
Phenole oder Aromaten /5-115/.

Auf eine detaillierte Auflistung der Emissionsquellen sei hier
verzichtet, da es sich um die gleichen wie bei Verbrennungs-
oder Vergasungsanlagen handelt, die in Kapitel 5.1.1 bzw. 6
näher beschrieben sind.

<u>5.2.3   Daten</u>

Emissionen:
<u>170 MW KDV-Anlage Lünen /5-108/</u>

Kohleeinsatz waf kg/s: 14,5

Staub	mg/m³*	5
NO_x	mg/m³*	650
Fluor	mg/m³*	1,5
Chlor	mg/m³*	10
SO_2	mg/m³*	385

* bezogen auf trockenes Rauchgas mit 6 % O_2, bei 273 K,
  1013 mbar

<u>VEW-Kohleumwandlung</u>

H_2S kann vollständig abgeschieden werden, COS und CS_2 dagegen
bereiten Schwierigkeiten. SO_2-Emissionen liegen unter 850 mg
SO_2/m³.

Der thermische Wirkungsgrad derartiger Anlagen liegt bei 38 %.

5.3 Wirbelschichtfeuerung

<u>5.3.1 Verfahrensbeschreibung</u>

Verfahrenstechnisch läßt sich die Wirbelschichtfeuerung zwischen Rost- und Staubfeuerung einordnen. Wie bei der Rostfeue-
rung kennt man auch bei der Wirbelschicht eine Schüttung, die
während des Betriebszustandes von einem Gas, meist Luft, durchströmt wird. Das Gas wird durch unter der Schüttung installier-
te Düsen mit Geschwindigkeiten um 1,5 ms^{-1} eingeleitet und hat
die Aufgaben, dem brennbaren Material die notwendige Verbren-

nungsluft zuzuführen, die Schüttung aufzulockern und sie in
eine regelose, wirbelnde Bewegung zu versetzen, theoretisch
ohne daß Teile der Schüttung aus dem Feuerraum = Kessel ausgetragen werden. Diese Bedingung kann in der Praxis nicht eingehalten werden, bei der "zirkulierenden Wirbelschicht" wird sie
auch nicht angestrebt. Bei ihr wird die Verbrennungsluft mit
höheren Geschwindigkeiten eingedüst und das ausgetragene Material im Kreis erneut in die Wirbelschicht eingeschleust. Diese
Technik kennzeichnet den Übergang zur Staubfeuerung, bei der
der pulverförmig aufgemahlene Brennstoff in einer Flugwolke
verbrannt wird, Abbildung 5-8 /5-116, 5-117, 5-118/.

In der Dampferzeugungstechnik wird die Wirbelschicht wegen
ihrer charakteristischen Eigenschaften besonders geschätzt,
dies sind z.B. die hohe Wärmeleitfähigkeit mit Werten von 400
bis 500 W/mK, die hohe Stoffaustauschintensität oder auch die
hohe Wärmekapazität /5-119/. So kann ein Dampferzeuger auf
Basis Wirbelschichtfeuerung gleichzeitig mehrere Funktionen
übernehmen, die bei herkömmlichen Systemen in voneinander
getrennten Aggregaten ablaufen. Bei entsprechender Auslegung
ist die Wirbelschicht Brennkammer, Reaktionsraum und Wärmetauscher /5-120/. In der Brennkammer erfolgt die Oxidation des

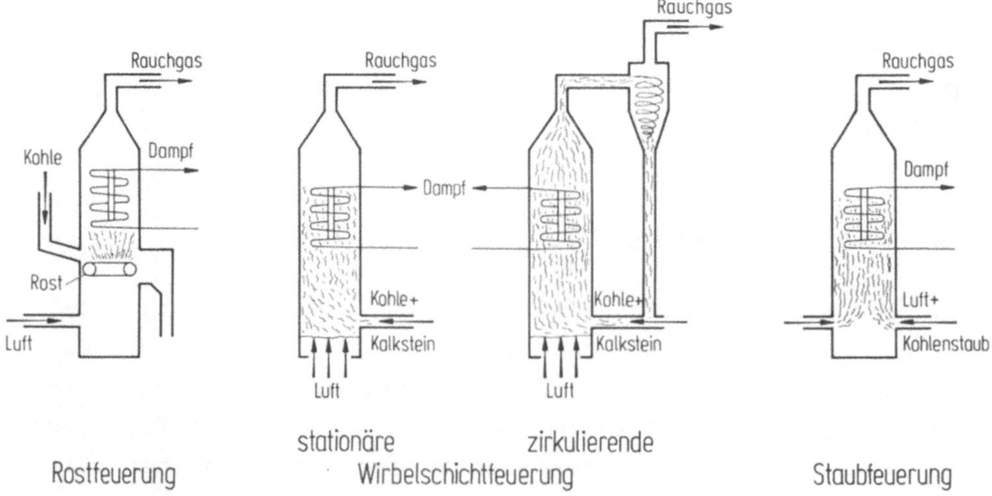

Abb. 5-8: Schematische Darstellung verschiedener Feuerungstechnik

in der Schüttung enthaltenen Kohlenstoffs zu Kohlendioxid; im Reaktionsraum werden die Verbrennungsgase weitgehend entschwefelt, durch Sulfatisierung des mit dem Brennstoff aufgegebenen Kalkstein $CaCO_3$ oder Dolomit $CaCO_3$ x $MgCO_3$ zu Calzium - bzw. Magnesiumsulfat; die Wärmetauscher tauchen direkt in die Schicht ein und tragen dazu bei, daß die Temperaturen kaum über 950 °C ansteigen /5-121/.

Das Wirbelschichtmaterial wird auf Korngrößen $\leq$ 10 mm aufgemahlen und setzt sich im wesentlichen aus inerten Bestandteilen zusammen, Asche und Kalkstein oder Dolomit. Die bereits beschriebenen Eigenschaften tragen dazu bei, daß für den Betrieb schon ein geringer Kohlenstoffanteil ausreicht (1 % der Schicht /5-122/). Außerdem sind wegen der hohen Wärmekapazität sowie des gleichmäßigen Temperaturprofils bei dem Einsatz selbst minderwertiger, ballastreicher Brennstoffe keine gesonderten Zündstabilisationseinrichtungen erforderlich /5-123/.

Kohlenspezifische Eigenschaften bestimmen die günstigsten Verbrennungstemperaturen, die zwischen 800 °C und 950 °C liegen. Niedrigere Temperaturen würden zu einer vermehrten CO-Bildung mit entsprechenden Feuerungsverlusten führen; höhere Temperaturen würden dagegen wegen Überschreiten des Ascheerweichungspunktes Verschlackungen, Verschmutzungen und sonstige Erosionen bewirken.

Außer bei Atmosphärendruck ist es auch möglich, Wirbelschichtfeuerungen bei Überdruck zu betreiben. Der äußerlich auffälligste Unterschied zweier Anlagen wäre das Bauvolumen, das bei der "Druckanlage" wesentlich geringer ausfiele. Aus dem Druckbetrieb ergibt sich ein weiter verbesserter Wärmeübergang von Wirbelschicht zur Kühlfläche, eine verbesserte Entschwefelung bei geringerer Zugabe von Sorbentien, eine weitere Unterdrückung der NO_x-Bildung sowie ein erhöhter Ausbrand /5-124, 5-125/. Ökonomische Überlegungen machen bei einer "Aufladung" allerdings den Einsatz einer Gasturbine erforderlich /5-119/. Die damit verbundenen Probleme, wie etwa vollständige Entstaubung der Gase vor dem Eintritt in die Gasturbine, sind bislang

noch nicht soweit gelöst, daß derartige Anlagen schon jetzt in
Großserie gehen können.

Die denkbaren Einsatzgebiete für Wirbelschichtfeuerungen
reichen von Heizzentralen mit thermischen Leistungen ab 0,5 MW
bis zu Großkraftwerken mit 1000 MW. Die schlechte Regelbarkeit,
nur bis etwa 60 % Teillast, könnte durch Modulbauweise ausgeglichen werden, d.h. durch Kombination mehrerer Feuerungen.
Atmosphärische Wirbelschichtfeuerungen sind in Größen bis
100 MW (zirkulierende Wirbelschichtanlagen von 50 bis 500 MW)
und druckbetriebene (4 - 10 bar) Anlagen in Größen bis
600/1000 MW vorstellbar /5-126/.

5.3.2   Umweltrelevante Probleme

Erkenntnisse aus Labor- und Demonstrationsanlagen bestätigen
die Erwartungen, daß die Wirbelschichtverbrennung in Bezug auf
den Umweltschutz deutliche Vorteile gegenüber herkömmlichen
Feuerungstechniken aufweist.

- Schwefeloxide
Wie bei anderen Feuerungen oxidiert auch in der Wirbelschichtfeuerung der Brennstoffschwefel zu Schwefeldioxid (SO_2), das
bereitwillig eine Verbindung mit Calzium (Ca) eingeht. Es
konnte beobachtet werden, daß bereits im Brennstoff enthaltene
Kalksteinverunreinigungen zu einer Selbst- oder Vorentschwefe-
lung führen /5-127, 5-128/. Dieser Effekt kann durch die Zugabe
von Kalkstein ($CaCO_3$) oder Dolomit ($MgCO_3$ x $CaCO_3$) soweit
verstärkt werden, daß die Rauchgase fast vollständig entschwefelt sind.

Dabei werden der Kalkstein und das Dolomit zunächst kalziniert

$$CaCO_3 = CaO + CO_2$$
$$CaCO_3 \text{ x } MgCO_3 = CaCO + MgO + 2CO_2$$

und können dann mit Schwefeloxid aber auch anderen Gasen, z.B.
H_2S, HCl oder HF reagieren /5-127, 5-128, 5-129/.

$$CaO + SO_2 = CaSO_3$$
$$CaO + SO_2 + 1/2\ O_2 = CaSO_4$$
$$CaO + SO_3 = CaSO_4$$

Nach diesen Reaktionen wird der größte Teil des aus dem Brennstoff freigesetzten Schwefels bereits innerhalb der Wirbelschicht in fester Form gebunden und zusammen mit der Asche aus dem Feuerraum ausgetragen /5-130/.

Zu den wichtigsten Parametern, die die Höhe des Entschwefelungsgrades bestimmen, zählen das Ca/S-Molzahlverhältnis in der Wirbelschicht, die Kalksteinsorte, die Korngröße des Kalkes, die Verweilzeit im Wirbelbett, die Wirbelschichttemperatur und der Betriebsdruck.

Die Unterschiede in der Eignung der Kalksteine verschiedener Provenienzen gründen auf der ungleichen Ausgestaltung des Porenvolumens, das sehr groß sein sollte. Die Reaktionsoberfläche des Kalksteins kann durch feines Aufmahlen vergrößert werden, wobei es aber zu beachten gilt, daß kleine Partikel schnell aus der Wirbelschicht herausgetragen werden und nicht vollständig reagieren können. Erst wieder Korngrößen $< 20\ \mu m$ können bei dem raschen Durchgang durch die Wirbelschicht ausreagieren /5-127/. Der Temperaturbereich der Wirbelschicht entspricht gerade den günstigen Reaktionsbedingungen für den Sulfatisierungs-Prozeß, die bei Temperaturen um 800 – 900 °C liegen. Oberhalb von 1000 °C könnten sich die Produkte wieder zersetzen bzw. durch Sinterung des CaO könnte ein Teil der spezifischen Oberfläche verloren gehen /5-120, 5-127/.
Bei Überdruckbetrieb überwiegen die eine Entschwefelung begünstigenden Einflüsse, etwa verbesserte Sulfatierung durch einen höheren SO_2-Partialdruck, die Einflüsse, die die Entschwefelung behindern, wie etwa ein hoher CO_2-Partialdruck, der ein Brennen des Kalksteins erschwert.

- Stickstoffoxide
Nach bisherigen Erkenntnissen beruht die Stickstoffmonoxidbildung (NO) in Feuerungen im wesentlichen auf dem thermischen

und dem Brennstoff-Stickstoffmechanismus. Die Umwandlung von
molekularem Stickstoff aus Luft ist stark temperaturabhängig
und erfolgt ab etwa 1300 °C. Die Brennstoff-NO-Bildung rührt
aus der Reduktion von im Brennstoff zahlreich enthaltenen organischen Verbindungen, etwa Amine, zu z.B. HCN oder NH_3 her.
Sie ist stark abhängig von der Luftzahl /5-127, 5-129/.

Die in der Wirbelschicht vorherrschenden Temperaturen um 300 °C
lassen vermuten, daß eine Bildung von thermischen Stickoxiden
nicht oder nur in untergeordnetem Ausmaß vorliegt /5-131/. Die
Stickoxid-Emission muß demnach aus der Brennstoff-NO-Bildung
stammen.
Einfluß auf die Höhe der NO_x-Emissionen einer Wirbelschichtfeuerung haben unter anderem /5-129, 5-118/
- das Ca/S-Verhältnis (steigende Verhältniszahl = steigende NO_x-Werte)
- der Druck (zunehmender Druck, zurückgehende NO_x-Werte
- die Verbrennungsluftführung (Aufteilen der Verbrennungsluft in einen von unten aufgegebenen Primäranteil und
  einen im oberen Teil der Wirbelschicht eingeleiteten
  Sekundaranteil führt zur NO_x-Verminderung /5-132/.

Noch keine abschließende Erklärung gibt es für den festge-
stellten gegenläufigen Trend der NO_x- und SO_2-Emissionen. Es
wird unter anderem vermutet, daß SO_2 direkt am Abbau von NO_x be-
teiligt ist. Aus einer hohen Schwefeleinbindung resultieren danach höhere NO_x-Werte /5-117, 5-118, 5-129/.

- Unvollständige Kohlenstoff- und Kohlenwasserstoffumsetzung

Die Kohlenmonoxid (CO) niedrige Verbrennung wird aus wirtschaftlichen Erwägungen in jeder Feuerung angestrebt und stellt
bei der Technik der Wirbelschichtfeuerung keine Probleme dar.
Angaben über CO-Emissionen sind zwar nicht sehr einheitlich,
aber sie sollten sich bei technischen Anlagen in einer Größenordnung von 5-20 g/J bewegen (150 ml CO/m³ Abgas) /5-117,
5-118/.
Unstrittig ist, daß die CO_2-Emissionen zukünftig mehr Beachtung

finden werden. In der Wirbelschichtfeuerung fällt CO_2 als Oxidations- und Kalzinationsprodukt an. Damit werden diese Emissionen auch von der Kalksteinzugabe beeinflußt.
Wegen der charakteristischen Eigenschaften der Wirbelschicht werden die entstandenen höheren Kohlenwasserstoffverbindungen im wesentlichen noch innerhalb der Schicht verbrannt.

- Chlor- und Fluoremissionen

Es wurde bereits erwähnt, daß auch Chlor und Fluor innerhalb der Wirbelschicht mit dem Kalkstein reagieren. Vermutlich werden sie bei den vorherrschenden Temperaturen zu Chlorwasserstoff (HCl) und Fluorwasserstoff (HF) umgesetzt. Bei niedrigeren Temperaturen werden sie zu Calziumchlorid ($CaCl_2$), Calziumfluorid (CaF_2) und Wasserdampf reagieren /5-117, 5-133/.

- Staubemissionen

Da das aus dem Feuerraum austretende Rohgas einen hohen Staubgehalt aufweist, ist eine Reinigung notwendig. Die Besonderheiten, wie geringer SO_2-Gehalt, geringe Staubkorngröße und hohe Staubbeladung, begünstigen die Verwendung von Gewebe- oder Schlauchfiltern, die sich gegenüber Elektrofiltern als unempfindlicher bei Schwankungen der Brennstoffqualität gezeigt haben /5-121, 5-133/. Generell ist davon auszugehen, daß Techniken verfügbar sind, die eine weitgehende Entstaubung sichern /5-134/.

- Rückstände

Bei dem Betrieb von Wirbelschichtfeuerungen fallen große Mengen an Rückständen an, die neben der Brennstoffasche noch Calziumoxid, Calziumsulfid und Calziumsulfat enthalten. Entgegen früherer Meinung, die Rückstände seien nicht problemlos deponierfähig, setzt sich heute die Auffassung durch, daß eine Umweltbeeinträchtigung von der Verwendung oder Deponierung dieser Rückstände nicht ausgeht /5-117, 5-133/.

- Spurenelementemissionen

Zu Spurenelementemissionen von Wirbelschichtfeuerungen vor
allem technischer Anlagen, fehlen derzeit noch veröffentlichte
Meßreihen, so daß nur die qualitativen Aussage bleibt: Bei der
Wirbelschichttechnik kommt es zu geringeren Emissionen als bei
den anderen Feuerungstechniken.
Gründe dafür sind unter anderem
      - die niedrigen Verbrennungstemperaturen,
      - die Reaktion der Spurenelemente mit den Adsorbentien
      - die Einbindung in die im Bett verbleibende Asche,
      - der hohen Einbindungsgrad, bedingt durch den inten-
        siven Feststoffkontakt.

5.3.3 Daten

Die Angabe von spezifischen Emissionsdaten für Wirbelschichtfeuerungen scheint zum jetzigen Zeitpunkt verfrüht, denn noch
sind Meßwerte aus großtechnischen Anlagen nicht veröffentlicht.
Werte für Labor- oder Demonstrationsanlagen variieren wegen der
unterschiedlichen Zielsetzung zum Teil sehr stark und können
nur richtungsweisend sein. Es ist daher zweckmäßig, eine
qualitative Aussage zu machen. Die bislang verfügbaren Erkenntnisse lassen es als sicher erscheinen, daß die Emisssionen aus
Wirbelschichtfeuerungen deutlich geringer sind als die Emissionen aus leistungsmäßig vergleichbaren konventionellen Feuerungsanlagen.

Der Wirkungsgrad atmosphärischer Wirbelschichtfeuerungen liegt
um 36 %. Mit dem Einsatz einer Gasturbine bei Überdruckbetrieb
läßt sich eine Wirkungsgradverbesserung auf 40-41 % erreichen.

Der Entschwefelungsgrad sowohl für bei Normaldruck betriebene als auch bei Überdruck betriebene Anlagen kann durch eine
entsprechende Parameterwahl auf über 90 % gesteigert werden.

5.4 Braunkohlenkraftwerke

5.4.1 Verfahrensbeschreibung

Die Staubfeuerungstechnik für Braunkohle ist, bedingt durch
andere Brennstoffeigenschaften, sowie der hohen Ballastgehalte,
von der für Steinkohle verschieden. Der zum Teil sehr hohe
Wassergehalt und/oder hohe Wasser- und Aschegehalt der Rohbraunkohle bedingt besondere Maßnahmen bei der Kohleaufbereitung und Verfeuerung, um über dem gesamten Arbeitsbereich der
Feuerung eine stabile Flamme und vollkommenen Ausbrand sicher-
stellen zu können. Neben der Mahltrocknung gehören zu diesen
Maßnahmen je nach Rohkohleheizwert und Wassergehalt auch die
teilweise Brüdentrennung mit der gesonderten Einblasung in den
Feuerraum oder Abführung ins Freie. Hiermit erhält man am
Brenner einen höheren Heizwert der Kohle, die ihrerseits eine
verbesserte Zündfähigkeit aufweist und somit die Grundlage für
eine stabile Flamme darstellt /5-2/.

Die Feuerungssysteme der Braunkohlenkraftwerke kann man daher
unterscheiden in:
- direkte Einblasung ohne Brüdentrennung
-     "   "   mit   "
- indirekte   "   "   "
- direkte oder halbdirekte Einblasung mit Teilbrüdenabscheidung

Die Auslegung der Braunkohlenfeuerung wird vorzugsweise mit
Allwand-, Boxer- oder Frontfeuerungen ausgeführt, wobei sich
für die Verfeuerung der Rohbraunkohle die Tangentialfeuerung
(Allwand) durchgesetzt hat.
Als Brenner kommen Wirbel- oder Strahlbrenner zum Einsatz.
Der Schwefelgehalt der Rheinischen Braunkohle beträgt auf SKE
bezogen etwa 1 %. Da der überwiegende Teil dieses Schwefels
(ca. 80 %) in organisch gebundener Form vorliegt sind aufbe-
reitungstechnische Maßnahmen zur Entfernung des mineralischen
Schwefels nicht sinnvoll.

5.4.2   Umweltrelevante Probleme

Grundsätzlich sind die umweltrelevanten Probleme bei Braunkohlenkraftwerken mit denen der Steinkohlenkraftwerke (vgl.
Pkt. 5.1.2) vergleichbar, obwohl sich natürlich aufgrund der
unterschiedlichen Brennstoffeigenschaften und der unterschiedlichen Kohlenzusammensetzung hinsichtlich der Intensität Unterschiede ergeben.

5.4.3   Technische Möglichkeiten zur Verminderung der
Emissionen

Neben den bei Steinkohlenkraftwerken (vgl. Pkt. 5.1.3) erläu-
terten Maßnahmen zur Emissionsverminderung, die grundsätzlich
auch bei Braunkohlenkraftwerken Anwendung finden können, wurde
ein Verfahren zur Verminderung der SO_2-Emissionen entwickelt,
das den speziellen Eigenschaften der Braunkohlenfeuerungen und
der Braunkohleasche Rechnung trägt. Dieses Verfahren, das
Trocken-Additiv-Verfahren (TAV), ist viel billiger als die
konventionelle Rauchgasentschwefelung und sollte daher bevorzugt eingesetzt werden /5-77/. Bei diesem Verfahren handelt es
sich um die Zufuhr und Dosierung eines Additivs in den Feuerraum, die Anlagerung des Schwefels in gasförmiger Form an fein
gemahlenen Kalkstein, d.h. an Calciumverbindungen, die Agglo-
meration der Partikelchen auf dem Rauchgasweg und die Abscheidung im Elektrofilter, wo dann der Kalksteinstaub mit dem
Schwefel, d.h. letztlich eine Gipsmodifikation, abgeklopft und
zur Entaschung geführt wird (vgl. Abb. 5-9). Mit diesem Verfahren kann die SO_2-Emission am Schornstein gegenüber der mit
der Kohle eingebrachten Schwefelmenge wesentlich verringert
werden. Wie sich ein solches Verfahren qualitativ und quanti-
tativ im Dauerbetrieb verhält, soll in der Groß-Versuchsanlage
an einem 300 MW-Block des Kraftwerkes Neurath erprobt werden
/5-90/, was inzwischen erfolgte.
Die Versuche waren so erfolgreich, daß das RWE seine Bereit-
schaft erklärt hat, weitere Braunkohlenkraftwerke entsprechend
diesem Verfahren nachzurüsten.

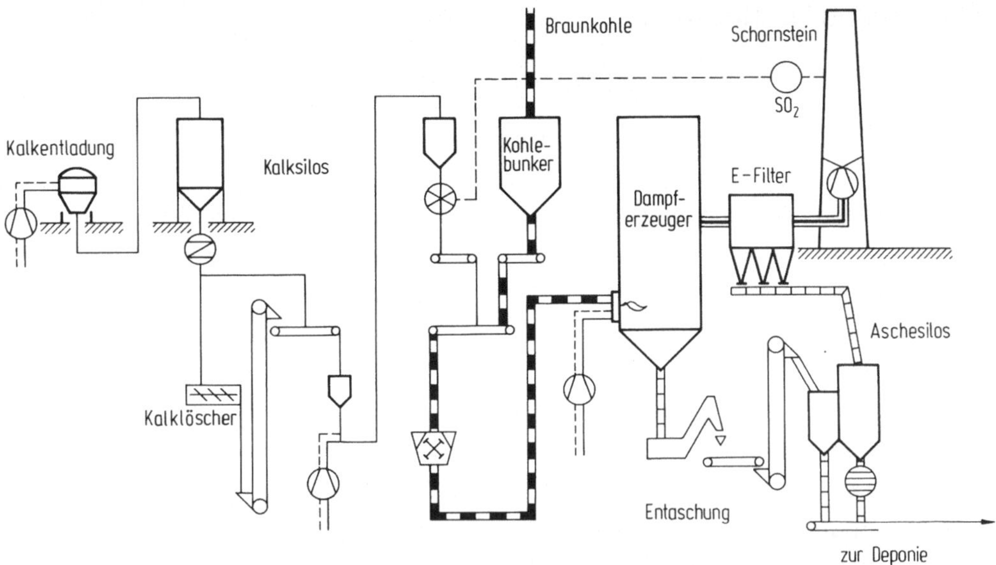

Abb. 5-9: Trocken Additiv-Verfahren zur Rauchgasentschwefelung bei Braunkohle /5-90/

5.4.4 Daten

Die Emissionsfaktoren sind jeweils bezogen auf 1 TJ Input.

Gesamtstaub	65	kg	/5-5/
Pb	0,01	kg	/5-5/
Cd	0,008	kg	/5-5/
Zn	0,015	kg	/5-5/
Hg	0,01	kg	/5-5/
SO_2	785	kg	/5-5/
NO_x (als NO_2 gerechnet)	290	kg	/5-5/
CO_2	95'765	kg	/ - /
CO	15	kg	/5-5/
CmHn	3,4	kg	/5-5/
Cl-Verb.	20	kg	/5-5/
F-Verb.	0,4	kg	/5-5/

Nach Angaben der Rheinischen Braunkohlenwerke AG

:   Cd 0.001   kg/TJ

5.5 Heiz- und Heizkraftwerke

5.5.1 Technologische Grundlagen

Entsprechend der Temperatur der Fern-Wärme-Versorgung werden
Warmwassersysteme (< 120 °C) und Heißwassersysteme (> 120 °C)
voneinander unterschieden /5-135/. Prinzipiell ist der Aufbau
beider Systeme gleich.

Ein Vorteil der Heißwassersysteme ist - unter der Voraussetzung
des gleichen Energietransports - der Kostengesichtspunkt, da
die Rohrleitungen kleiner und damit kostengünstiger sind.
Rohrleitungen, Kompensatoren, Pumpstationen sowie Wärme-
tauscher/Übergabestationen gehören zu den Grundelementen eines
Fernwärmenetzes, wobei die Fernwärmenetze im allgemeinen geschlossen sind.
Als kohlebetriebene Wärmeerzeuger kommen in Frage:
    a. Heizwerke, die ausschließlich Wärme erzeugen
    b. Kraftwerke mit Kondensationsturbine und Wärmeauskopplung
    c. Kraftwerke mit Gegendruckturbine und Abdampf auf hohem
       Temperaturniveau.

Die erforderlichen Wärmemengen werden in Heizwerken sowie in
Heizkraftwerken durch Erhitzen von Wasser erzeugt, wobei in der
Regel als Trägermedium Wasser eingesetzt wird.
Maßgebend für die Wärmetransportleistung eines Wärmeträger-
mediums ist die Enthalpiedifferenz zwischen dem Zustand, mit
dem das Medium den Energieerzeuger verläßt und mit dem es ggf.
zurückkehrt /5-136/.

In Heizwassersystemen, in denen sich der Aggregatzustand des
Wassers zwischen Austritt aus der Kesselanlage und Eintritt
nicht verändert, ist die Enthalpiedifferenz praktisch gleich
der Temperaturdifferenz. Sie wird als Temperaturspreizung
bezeichnet. Die Abgabe der Wärme ist bei Heizwassersystemen mit
unwesentlichen Änderungen des Volumens verbunden. Für die
Wärmeversorgung mit Heizwasser ist somit in erster Linie die

Temperaturdifferenz des Wassers und nicht die absolute
Höhe der Vor- und Rücklauftemperatur von Bedeutung. Es liegt
folglich nahe, im Hinblick auf niedrige Wärmeverluste mit einem
möglichst niedrigem Temperaturniveau zu arbeiten.

Der Transport der erzeugten Wärmemenge erfolgt i.a. durch unter-
irdische Rohrleitungen zum Verbraucher, wo die Energie durch
Wärmeaustausch genutzt wird.
Den schematischen Aufbau eines Fernwärmenetzes zeigt Abb. 5-10.

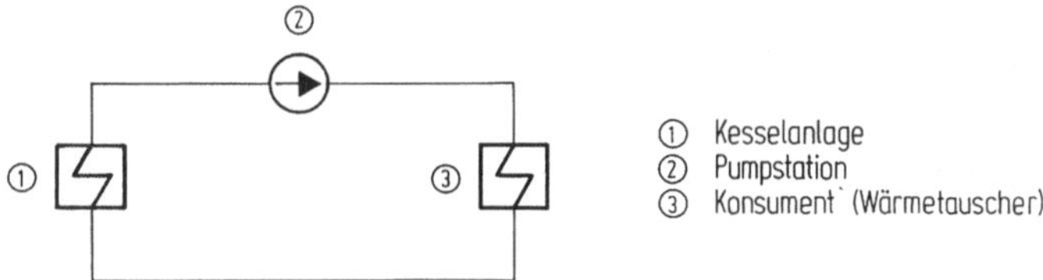

Abb. 5-10: Fernwärmenetz /5-137/

Wärmeerzeugungsanlagen werden als Heizwerke (HW) bezeichnet,
wenn sie ein Wärmeversorgungsnetz alleine oder zusammen mit
anderen Wärmeerzeugungsanlagen mit Wärme versorgen. An das
Versorgungsnetz sind hierbei Wärmeverbraucher mit zentralen
Heizungsanlagen angeschlossen, die so eingerichtet sind, daß
sie ihren Wärmebedarf einem Trägermedium von einheitlicher Art
und einheitlichem Zustand entnehmen können.
Im Gegensatz zu Heizkraftwerken verzichten Heizwerke auf die
kombinierte Erzeugung von Wärme und Strom in einem gekoppelten
Prozeß. Vielmehr sind sie selbst Konsument elektrischer Energie
für notwendige Antriebe.
Die Auslegung eines Heizwerkes richtet sich nach den jeweiligen
Bedürfnissen seiner Abnehmer. Anders als bei den Kraft-Wärme gekoppelten Anlagen haben Fernheizwerke den Vorteil, daß sie auf
die individuellen Verhältnisse des Versorgungsgebietes ausgelegt werden können.
Wesentliche Komponenten eines Heizwerkes sind:
    a. Kessel mit Feuerung und Wärmetauscher
    b. Rauchgasreinigung

c. Brennstofflager

d. Regelsystem.

Für Heizwerke eignen sich die üblichen Wärmeträgermedien Dampf,
Warmwasser und Heizwasser. Als Kessel kommen Großwasserraum-
kessel, Flammrohr-Rauchrohr-Kessel sowie Wasserrohrkessel in
Frage /5-136/.
Die Vorteile der zentralen Erzeugung von Wärme in HW verglichen
mit Einzelfeuerungen sind /5-135/:
- Die Verbrennung erfolgt in technisch hoch entwickelten und
  automatisch geregelten Feuerungen mit hohen Wirkungsgraden
- Der Auswurf an Achse und unverbranntem Brennstoff kann mit
  Hilfe wirksamer Rauchgasfilter weitgehend eingeschränkt
  werden.
- Eine große Zahl von Einzelkaminen kann durch einen einzel-
  nen Hochkamin ersetzt werden, wodurch eine bessere Ver-
  dünnung der Emissionen erfolgt (geringere Immission).
- Einzelne HW können leichter auf andere Brennstoff umge-
  stellt werden. Hier ist auch auf die Möglichkeit der
  Nutzung der Abwärme aus Müllverbrennungsanlagen hinzuwei-
  sen.
Der Betrieb von Heizkraftwerken stellt die wirtschaftlichste
Form der Wärme- und Stromerzeugung dar. Der Vorteil der Wärme-
Kraft-Kopplung liegt in der Nutzbarmachung der Dampfmengen, die
ansonsten nach Austritt aus der Dampfturbine zurückgekühlt werden müßten. Der spezifische Wärmeverbrauch kann durch Wärme-
Kraft-Kopplung von 8000 - 12000 kJ/kWh auf 4600-3500 kJ/kWh
gesenkt werden /5-135/.

Entsprechend der Art des Kraftprozesses, sind Dampfkraftwerke
wie folgt zu unterteilen:
> a. Gegendruckanlage
>
> b. Entnahme-Kondensationsanlage
>
> c. Anzapf-Kondensationsanlage

Den schematischen Aufbau eines Heizkraftwerkes mit reinem Gegen-
druckbetrieb zeigt Abb. 5-11. Der in der Kesselanlage erzeugte
Dampf wird im Gegendruckturbinensatz an die Anlagen der

Wärmenutzung abgegeben. Nach dem Wärmeaustausch in den Anlagen der Verbraucher gelangt das Kondensat mit Hilfe eines Pumpensystems in die Kesselanlage zurück.

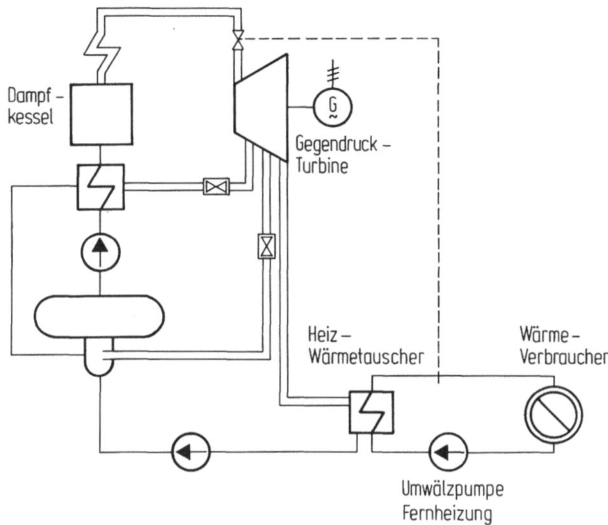

Abb. 5-11: Darstellung des Dampf-Kondensat-Kreislaufes eines Heizkraftwerkes mit Gegendruck-Dampfturbine /5-136/

Dieses Prinzip der Kraft-Wärme-Kopplung hat den Nachteil, daß die anfallende elektrische Leistung vom Wärmebedarf bestimmt wird. Da dieser von der Außentemperatur beeinflußt wird und folglich einen großen Schwankungsbereich besitzt, können Gegendruckanlagen zur Deckung des Strombedarfs nur in Zusammenarbeit mit Kondensations- oder Gasturbinenkraftwerke eingesetzt werden.
Das Verhältnis der Strom - zur Wärmeerzeugung wird bei diesem Prinzip als Stromkennzahl SZ gekennzeichnet

$$\sigma = \frac{\text{Nettostromerzeugung}}{\text{Wärmeerzeugung}} \quad [\text{kWh/GJ}]$$

In einem Entnahme-Kondensations-Heizkraftwerk kann jederzeit unabhängig von der geforderten Wärmeleistung die geforderte elektrische Leistung gefahren werden. Der prinzipielle Aufbau dieses Dampfkraftwerkes zeigt Abb. 5-12.

110

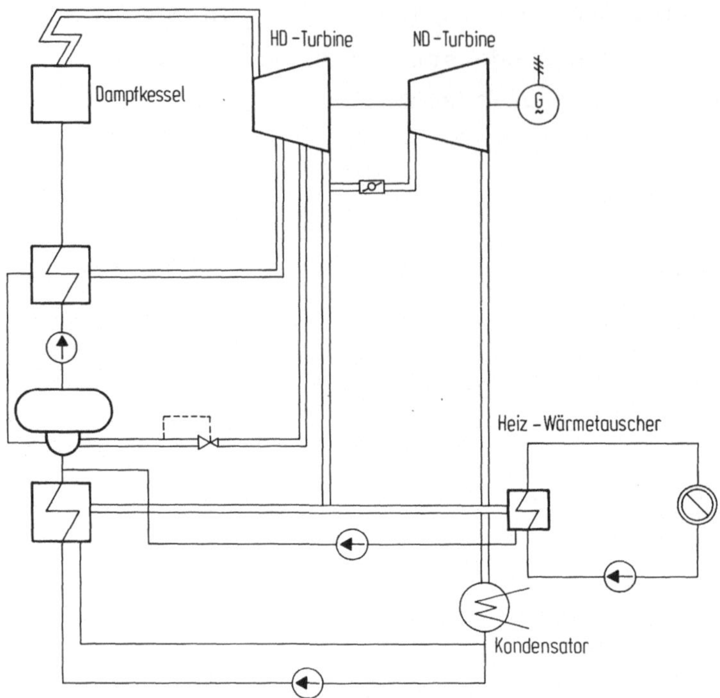

Abb. 5-12: Darstellung des Heizkraftwerkes mit Entnahme-Kondensationsturbine /5-136/

Gegenüber dem reinen Gegendruckkraftwerk hat dieses Prinzip zwar den Vorteil der Leistungssicherung, hat jedoch für den Kondensationsteil, die Kühlwasserbeschaffung sowie den Wärmeverlust bei der Kühlung des Kondensationsteils einen höheren Investitionenaufwand zur Folge.
Auch wenn die Wärmelast das Ausfahren der vollen Leistung erlaubt, muß der Kondensationsteil stets von der Mindestdampfmenge in Höhe von 2-5 % für Kühlzwecke durchströmt werden /5-136/.

Beim Heizkraftbetrieb mit Anzapfung (vgl. Abb. 5 - 13) wird ein Teil des Dampfes, nachdem er in den ersten Stufen der Turbine Arbeit geleistet hat, zum Zwecke der Wärmegewinnung abgeleitet. Die verbleibende Dampfmenge, die in der letzten Stufe der Turbine arbeitet, kühlt durch die vorhandene Kondensations-

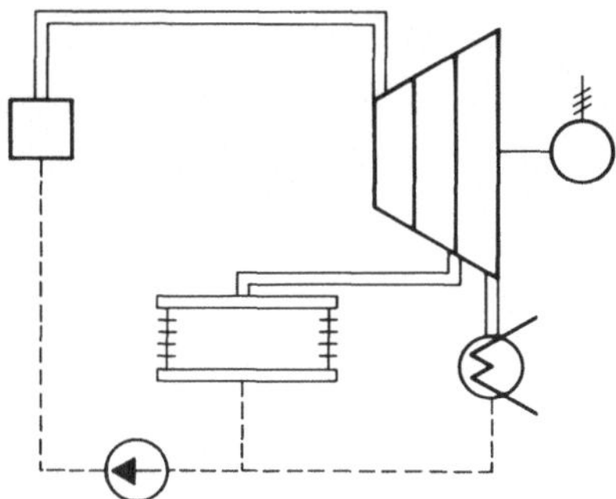

Abb. 5-13: Darstellung des Kreislaufes für ein Heizkraftwerk
mit Anzapfturbine /5-137/

anlage ab. Dieses Prinzip vom Heizkraftwerk hat den Vorteil,
daß die jeweils für die Wärmekonsumenten notwendige Dampfmenge
zu den Zeiten, in denen sie die Wärme-Energie brauchen, entnommen werden kann.
Der eigentliche Dampfturbinenprozeß wird nicht wesentlich beeinflußt.
Die Kondensatmengen aus Kondensator und Wärmeverbrauchsanlagen
der Abnehmer werden zusammengefaßt und dem Kessel zurückgeführt.
Eine Anzapf-Kondensationsmaschine ist für den reinen Konden-
sationsbetrieb ausgelegt. Wird z.B. an der Turbine Heizdampf
für Fernwärmezwecke entnommen, so nimmt die Leistung an den
Generatorklemmen entsprechend den entnommenen Dampfmengen ab.
Dieses heißt, daß der Druck an der Entnahmestelle und damit
auch die Vorlauftemperatur auf der Sekundärseite unabhängig von
der Entnahmemenge sind /5-136/.
Es sei bemerkt, daß in den oben dargestellten Anlagen der Wärmeträger für das Fernheizsystem Dampf ist, der über ein besonderes Leitungssystem abgegeben und in Kondensat umgewandelt
wird. Die hierbei freiwerdende Wärmemenge kann als Heiz- oder
Produktionswärme genutzt werden.
Ist das Verteilungssystem für Fernwärme als Heißwassernetz kon-
zipiert, so kann der Wärmeinhalt des Abdampfes aus der Turbine
mittels Wärmetauscher an das umlaufende Wasser des Heiznetzes
abgegeben werden. Das Kondensat wird für diesen Anwendungsfall

nicht in die Abnehmeranlagen geleitet. Dieses Verfahrenprinzip
bietet sich an, wenn vermieden werden soll, daß das Kondensat -
aus Gründen einer möglichen Verunreinigung des Kondensates - in
die Netze der Fernheizwerke abgegeben wird.

5.5.2 Umweltrelevante Probleme

Auf eine Darstellung von Emissionsfaktoren für die Fernwärmeer-
zeugung sowie der dort auftretenden umweltrelevanten Probleme
kann verzichtet werden, wenn die Kesselanlagen zur Fernwärmeer-
zeugung mit denen der Kraftwerksprozesse identisch sind.
Lediglich durch den höheren thermischen Wirkungsgrad gegenüber
den Kraftwerken ist eine Emissionsminderung infolge Brennstoff-
einsparung zu erwarten.
Ersetzt man die getrennte Strom- und Wärmeerzeugung in einem
Steinkohlekraftwerk und in Öl-Einzelheizungen durch ein Heizkraftwerk auf Steinkohlebasis, resultiert hieraus eine Energie-
einsparung von ca. 32 % /5-138/.
Hieraus errechnet sich nach /5-138/ eine Emissionsänderung bei

- Staub/Ruß $(+)44$ %
- SO_2 $(-)25$ %
- NO_x $(+)25$ %
- CO $(-)84$ %
- CH $(-)80$ %

Allerdings kann der Ausnutzung der Kraft-Wärme-Kopplung auf der
Basis von Kohle nicht uneingeschränkt empfohlen werden. Der mit
der Fernwärmenutzung verbundene Zwang zu einer partiell
dezentralisierten Stromerzeugung kann zu lokalen Mehrbelastun-
gen führen, die in bestimmten Fällen umweltpolitisch nicht ak-
zeptiert werden können. Eine Entlastung über höhere Kamine ist
abzulehnen, da eine Vergleichsmäßigung der Immissionsbelastung
keine umweltpolitische Zielsetzung sein kann.

Es wird daher von Fall zu Fall darauf ankommen, ob die vorge-
gebene Situation im Ganzen erhalten oder verbessert wird. Dabei

sind die von den Heizkraftwerken verursachten Immissionen gegen diejenigen Immissionen aufzurechnen, die sonst von zahlreichen Einzelfeuerungen ausgehen würden.

6. Kohleveredlung

Technologische Grundlagen

Im Gegensatz zur vollständigen Verbrennung der Kohle ist bei
der Kohleveredelung die Kohle in ein Gas- und Flüssiggemisch
mit möglichst viel chemisch gebundener Energie umzuwandeln, das
entweder als Energieträger oder als Chemierohstoff verwendet
werden kann /6-1, 6-3/. Aus Gründen der Versorgungssicherheit
soll umgewandelte Kohle unter Nutzung der bestehenden energie-
wirtschaftlichen Infrastruktur künftig Erdöl und Erdgas
partiell oder vollständig ersetzen. Die Zielprodukte sind
- Gasgemische von CO_2, CO, H_2, CH_4,
- Kraftstoffe
- synthetisches leichtes Heizöl
- Chemierohstoffe
  - Naphtha
  - Synthesegas

- Kohlevergasung

Unter Kohlevergasung ist die Umsetzung von Stein- oder Braunkohle mit Vergasungsmitteln zu Gasgemischen zu verstehen, wobei
ein möglichst vollständiger Umsatz der Einsatzkohle angestrebt
wird. Als Vergasungsmittel werden Luft, Sauerstoff, Dampf oder
Mischungen der genannten Komponenten oder Wasserstoff verwendet.

Entsprechend der Vergasungsart enthalten die Gase Kohlenmonoxid,
Kohlendioxid, Wasserstoff, Methan und Wasserdampf. Wird Luft
als Vergasungsmittel eingesetzt, findet sich der Stickstoff der
Luft ebenfalls im Gas wieder.

Abbildung 6-1 gibt einen allgemeinen Überblick über die verschiedenen Möglichkeiten der Vergasung.

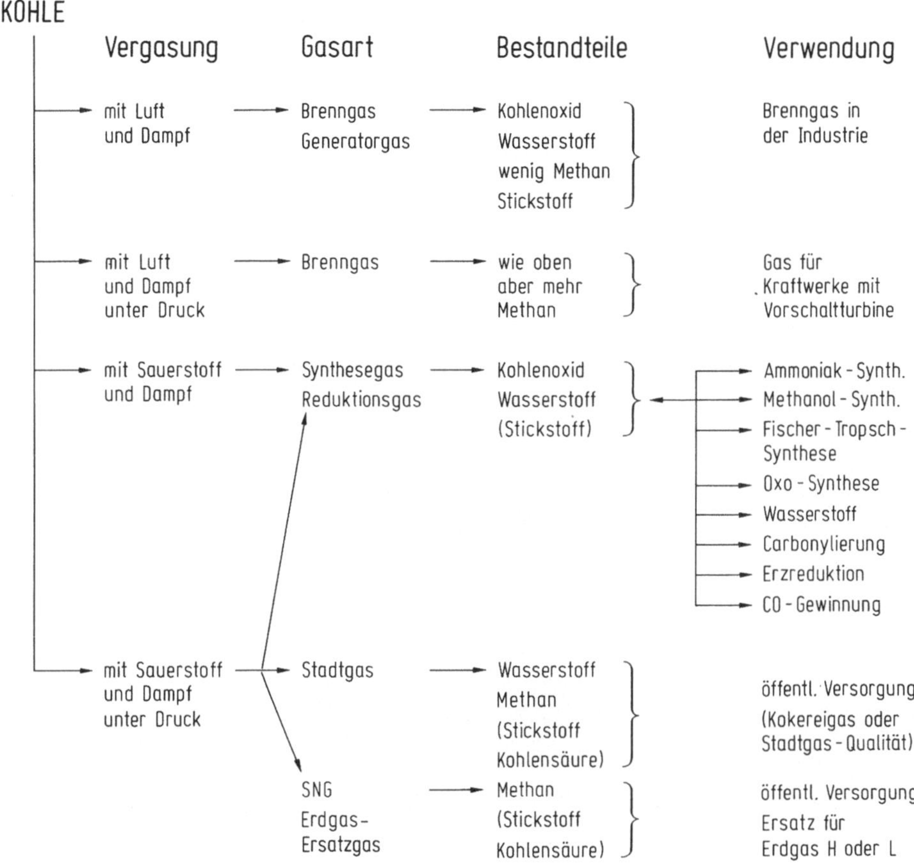

Abb. 6-1: Vergasung von Kohle, charakterisiert durch Vergasungsmittel und Gasverwendung /6-25/

Entsprechend der Zufuhr, der für den Vergasungsprozeß erforderlichen Vergasungswärme, wird bei der Vergasung unterschieden in
   - allotherme Verfahren: Wärmezufuhr von außen und
   - autotherme Verfahren: Wärmebereitstellung durch teilweise Verbrennung des Einsatzstoffes mit Luft oder Sauerstoff

Ist das Zielprodukt der Kohlevergasung ein Synthesegas, welches bei der Herstellung von Methanol bzw. bei der Fischer-Tropsch- und Oxo-Synthese Verwendung findet, muß dieses Gas ein genau festgelegtes CO/H_2 - Verhältnis aufweisen. Soll ein mit Erdgas austauschbares Gas erzeugt werden, so muß bereits das Rohgas einen möglichst hohen Methan-Anteil besitzen.

Zur Zeit stehen drei Vergasungsverfahren für den industriellen Einsatz zur Verfügung, bei denen der Vergasungsprozeß autotherm mit einem Dampf-Sauerstoff-Gemisch erfolgt:

- im Festbett (LURGI)
- in der Wirbelschicht (WINKLER)
- in der Flugstaubwolke (KOPPERS-TOTZEK)

Mit der Einkopplung von Kernreaktorwärme in den Vergasungs- prozeß, wird der bei der allothermen Kohlevergasung zur Wärme- gewinnung verbrannte Anteil der Einsatzkohle durch nukleare Prozeßwärme substituiert und damit die Ausbeute an Kohlegas er- höht. Die Kohle wird besser genutzt und der Wirkungsgrad der Vergasungsprozesse verbessert /6-26/.

- Kohleverflüssigung

Eine direkte Erzeugung von Ölen aus Kohle gelingt durch ther- mische Behandlung in Gegenwart von Wasserstoff unter Druck (Druckhydrierung). Erreicht wird ein weitgehender Umsatz zu flüssigen und gasförmigen Produkten, wodurch diese Verfahren der Herstellung von Kraftstoffen, aber auch zur Bereitstellung von Chemierohstoffen, wie zum Beispiel Aromaten dienen (vgl. Abb. 6-2).

Die Kohlehydrierung geht auf grundlegende Versuche von Friedrich Bergius zurück, der bereits 1913 Kohle bei Tempera- turen von 400 °C bis 500 °C und 100 bis 200 bar Wasserstoff- druck zu ölartigen Verbindungen hydrierte. An der technischen Weiterentwicklung des Verfahrens in den zwanziger Jahren war die damalige IG-Farbenindustrie in Ludwigshafen maßgeblich be-

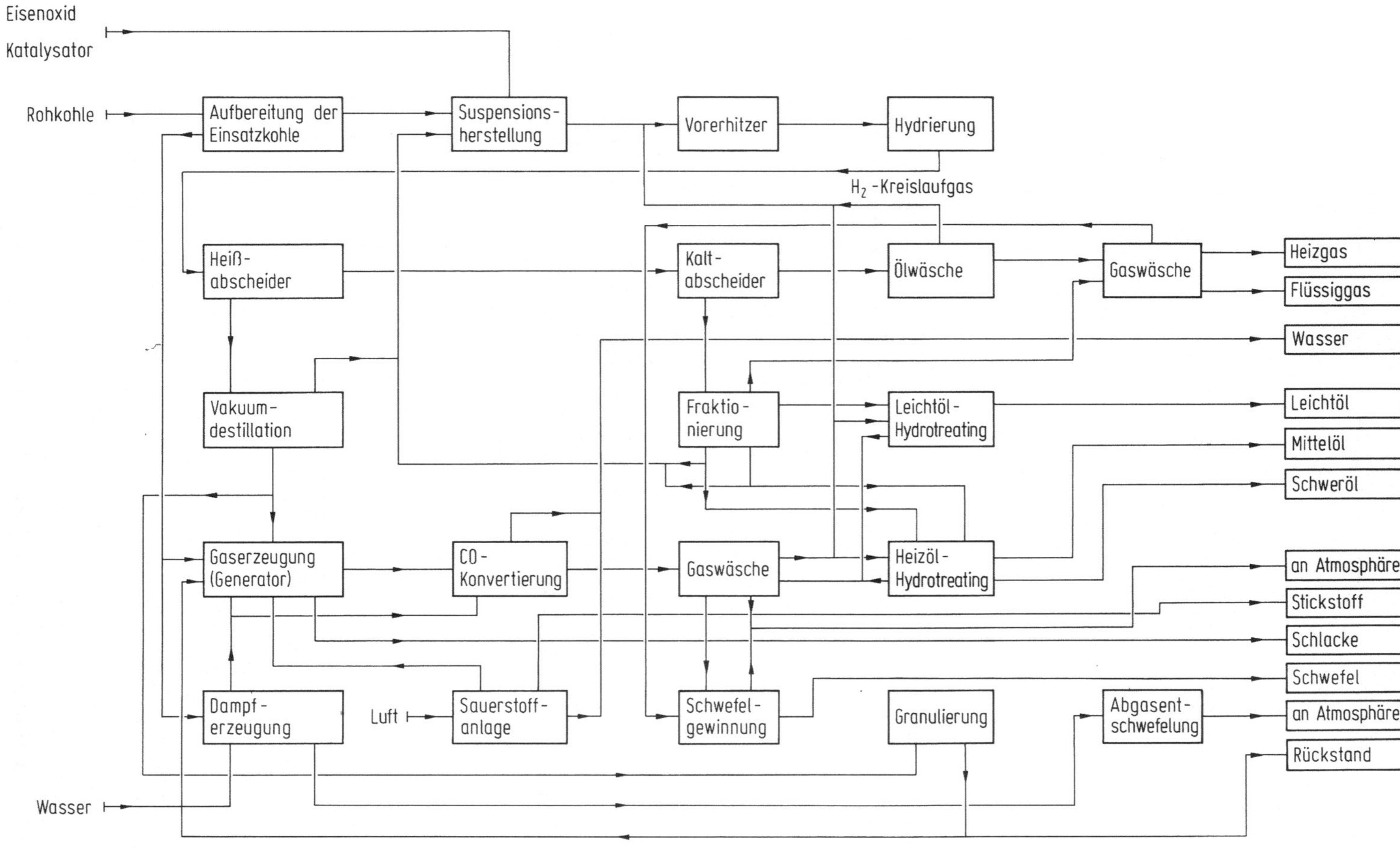

Abb. 6-2: Verfahrenswege zur Kohleverflüssigung /6-26/

118

teiligt. Hier hat Matthias Pier, aufbauend auf den vorhandenen
Erfahrungen mit katalytischen Hochdrucksynthesen, ein tech-
nisches Verfahren zur katalytischen Druckhydrierung von Kohlen,
Teeren und Ölen entwickelt.

Die erste Großversuchsanlage mit einer Kapazität von
100.000 jato Benzin aus Braunkohle ging 1927 in Leuna in Betrieb. Nach 1945 war der Wiederaufbau der zerstörten Anlagen
zunächst verboten; später wurde in der Bundesrepublik Deutschland die Kohlehydrierung aus wirtschaftlichen Gründen nicht
wieder aufgenommen. Erst die Ölversorgungskrise des Jahres 1973
hat bewirkt, daß sowohl bei den Saarbergwerken als auch bei der
Bergbau-Forschung, bei der Ruhrkohle AG, der VEBA AG und bei
den Rheinischen Braunkohlenwerken die Arbeiten zur Kohlehydrierung wieder aufgenommen wurden. Als Einsatzprodukte kommen
Braunkohlen und niedrig inkohlte Steinkohlen mit möglichst
niedrigem Wasser- und Aschegehalt in Frage /6-26/. Während bei
den klassischen Energieumwandlungsprozessen typischerweise
Schadstoffe in höheren Oxidationsstufen entstehen (z.B. SO_2,
NO_x), treten bei der Kohleveredelung wegen der wasserstoffreichen Atmosphäre Schadstoffe in reduzierter Form (z.B. H_2S,
NH_3) auf; damit ergeben sich andersartige, anlagenspezifische
Emissionsprobleme. Eine Kohleverflüssigungsanlage vereinigt
tendenziell Emissionsprobleme von Raffinerien, Kokereien und
großen Chemieanlagen in einem Komplex.

Grundsätzlich fallen durch Kohleveredelungsanlagen in allen
Umweltbereichen Emissionen an. Im Gegensatz zu Kraftwerken
werden Kohlenveredlungsprozesse in druckbetriebenen Anlagen
durchgeführt. Die dadurch bedingte geschlossene Prozeßführung
wirkt sich vorteilhaft auf das Emissionsverhalten aus. Nach
heutigen Erkenntnissen können folgende Aussagen getroffen
werden:

- Niedertemperatur-Festbett-Verfahren sind energetisch
  günstiger, erzeugen aber eine breite Palette von Nebenprodukten, deren umweltverträgliche Beseitigung oder Aufbereitung zu verwertbaren Produkten sehr aufwendig ist.
- Hochtemperatur-Flugstrom-Verfahren erzeugen weniger Neben-

produkte, sind jedoch durch Materialprobleme und einen ungünstigeren thermischen Nutzungsgrad gekennzeichnet. Das Rohgas ist stark mit Flugstaub belastet und bedarf einer entsprechenden Reinigung. Die auftretenden hohen Drücke (bei der Vergasung bis zu 100 bar, bei der Verflüssigung mindestens 300 bar), die Handhabung großer Materialmengen und die Komplexität der Anlagen begünstigen diffuse Emissionen. Es muß mit Emissionen von CO, HCN, NH_3, H_2S, Sulfiden, Phenolen, Teeren, Metallcarbonylen und Stäuben mit ganz unterschiedlichen Wirkungsmechanismen gerechnet werden.

- Die heute verfügbaren Gasreinigungsverfahren sind bisher den neuen Aufgaben nicht vollständig angepaßt, um alle Schadstoffe mit vertretbarem Aufwand ausreichend zu entfernen. Das besondere Problem liegt dabei in der Vielzahl der auftretenden Schadstoffe und ihrer Bindungsformen z.B. Schwefel als H_2S, COS, CS_2 und als organisches Sulfid oder Stickstoff als HCN, NH_3, Amine.

- Die Abscheidung der Feststoffe (Asche, Schlacke, Flugstaub, Katalysatorabrieb) wirft spezifische Probleme auf. Die Deponiefähigkeit dieser Rückstände ist noch nicht ausreichend geklärt.

- Die erforderliche Nachbehandlung der primären Verflüssigungsprodukte verursacht Emissionsprobleme mit vielen aromatischen Heteroverbindungen, die über die Probleme herkömmlicher Raffinerien wesentlich hinausgehen können.

Obwohl eine ganze Reihe von Projekten in Angriff genommen wurde (Tab. 6.1 und 6.2) sind die Emissionen dieser Anlagen noch nicht hinreichend bekannt. Die bislang bekannten Daten basieren meist auf amerikanischen Untersuchungen, die auf deutsche Verhältnisse umgerechnet wurden. Inzwischen sind einige Studien fertiggestellt, die Planungsunterlagen zum Bau von Großanlagen bereitstellen sollen.
Diese Studien wurden im Auftrag des BMFT bei den Saarbergwerken AG, der Rheinischen Braunkohlenwerke AG sowie bei der VEBA OEL/Ruhrkohle AG durchgeführt. Daneben wurde vom Inst. f.

Tab. 6-1 Projekte zur Kohlevergasung /6-4/

	1	2	3	4	5	6
	Ruhrkohle Ruhrgas	Ruhrkohle Ruhrchemie	Shell	Texaco	PCV (Flick-Gruppe)	Saarberg
Produkte	1,5 Mrd m^3/a SNC	0,7 Mrd m^3/a Synthesegas; davon je 50 % an Ruhrchemie und Thyssengas (SNG-Erzeugung)	0,6 Mrd m^3/a Synthesegas	0,65 Mrd m^3/a Synthesegas	1,1 Mrd m^3/a Synthesegas zur Weiterverarbeitung zu SNG	0,8 Mrd m^3/a Synthesegas für ein 60 - Kombikraftwerk
Einsatzstoffe:	3 Mio t/a deutsche Steinkohle	0,4 Mio t/a deutsche Stein-	0,3 Mio t/a Steinkohle	0,36 Mio t/a Steinkohle	0,5 Mio t/a Steinkohle	0,4 Mio t/a deutsche Steinkohle
Techn. Verfahren:	Lurgi-Druck-Vergasung Festbettvergasung	Texaco-Verfahren Kohlestaubvergasung	Shell-Koppern-Vergaser Kohlestaubvergasung	Texaco-Verfahren Kohlestaubvergasung	Festbett-Vergasung	Kombiprozeß mit Saarberg/Otto-Vergasung
Planung und Bau:	Planung 1980/82 Bau 1981/84 Betrieb ab 1984	Planung 1980/83 Bau 1981/84 Betrieb ab 1984	Planung 1980/83 Bau 1981/83 Betrieb ab 83/84	Planung 1980/83 Bau 1983/85 Betrieb ab 1985	Planung 1980/81 Bau 1982/84 Betrieb ab 1985	Planung 1980/83 Bau 1983/84 Betrieb ab 1985
Standort:	Ruhrgebiet	Oberhausen-Holten Gelände der Ruhrchemie	hängt vom Kohleeinsatz ab	Kraftwerk Rheinpreußen Moers-Neerback	Hückelhoven (Zechengelände Sophia-Jacoba)	Saarland
Investitionen:	13 Mrd DM für die 14 Kohleveredelungsanlagen insgesamt					

Forts. Tab. 6-1: Projekte zur Kohlevergasung

	7	8	9	10	11
	Rheinbraun	Rheinbraun	Korf	VEW	Thyssengas
Produkte	1 Mrd m^3/a Synthesegas	0,7 Mrd m^3/a SNG	Reduktionsgas zur Direktreduktion von Eisenerz	Koks und Gas für ein 800 KW-Kombikraftwerk	0,1 Mrd m^3/a SNG
Techn. Verfahren	<u>Hochtemperatur-Winkler-Verfahren</u> Wirbelschicht-Vergasung	Hydrierende Kohlevergasung	<u>Saarberg/Otto/</u> Vergaser	<u>Partielle Vergasung</u> ohne Druck mit Luft	in einer <u>Wirbel-schicht</u>
Planung und Bau	Planung 1982/85 Bau ab 1982 Betrieb ab 1984	Planung 1981/87 Bau 1987/90 Betrieb ab 1985	Planung 1980/83 Bau 1983/84 Betrieb ab 1985	Planung 1980/83 Bau 1983/85 Betrieb ab 1985	Planung 1980/83 Bau 1984/85 Betrieb ab 1986
Standort	Berrenrath	Rheinisches Braunkohlenrevier	noch offen	VEW-Kraftwerke Gersteinwerk, Lippe und Emsland	Oberhausen-Holten
Investitionen	13 Mrd DM für die 14 Kohleveredelungsanlagen <u>insgesamt</u>				

Tab. 6-2: Projekte zur Kohleverflüssigung

	1		2	3
	Ruhrkohle[x]	VEBA-Öl[x]	Saarbergwerke	Rheinbraun
Produkte	2 Mio t/a Flüssigpro-Kraftstoffe, Benzol	2 Mio t/a Flüssigprodukte Kraftstoffe, Heizöl (L), Chemierohstoffe	800.000 t/a Hydrierbenzin	400.000 t/a Kraftstoffe, Chemierohstoffe
Einsatzstoffe	6 Mio t/a Steinkohle	6 Mio t/a Steinkohle oder Schweröl	2 Mio t/a Saarländische Flammkohle	3,5 Mio t/a Rohbraun-kohle
Techn. Verfahren	IG-Verfahren modifiziert durch RAG	modifiziertes IG-Verfahren (dabei soll wahlweise auch Schweröl eingesetzt werden können	IG-Verfahren modifiziert durch Saarberg	IG-Verfahren modifiziert durch Rheinbraun
Planung und Bau	Planung:1980/83 Bau: 1983/93 Betrieb: ab 1986	Planung: 1980/83 Bau: 1984/87 Betrieb: ab 1987	Planung 1980/82 Bau: 1983/86 Betrieb ab: 1987	Planung 1985/86 Bau: 1988/91 Betrieb ab: 1997
Standort	Ruhrgebiet	noch offen	Saarland	Rheinisches Braun-kohlenrevier
Investititonen	13 Mrd DM für die 14 Kohleveredelungsanlagen insgesamt			

x) Ruhrkohle und VEBA verhandeln mit dem Ziel einer Zusammenführung der Projekte

Chemische Technologie und Brennstofftechnik an der TU Clausthal
eine Studie mit dem Titel "Erfassung und Abschätzung der
Emissionen aus Anlagen zur Kohleverflüssigung und Kohlevergasung in der Bundesrepublik Deutschland" im Auftrag der Landesre-
gierung von Nordrhein-Westfalen fertiggestellt. Neben den
Emissionen, die bei der Kohleveredelung direkt entstehen, ist
bei der Nutzung der erzeugten Energieträger mit einem veränder-
ten Emissionsverhalten gegenüber dem substituierten Energieträger zu rechnen, z.B. erhöhter PAH-Emission.

Aus der Vielzahl der vorgeschlagenen Verfahren wurden für eine
detaillierte Betrachtung nur diejenigen, die in der Bundesrepublik Deutschland einsetzbar und als zukunftsträchtig gelten
können, ausgewählt. Dies sind

- Kohlevergasung
  - Lurgi Druckvergasung
  - Texaco
  - Shell-Koppers
  - Saarberg-Otto
  - Winkler
- Kohleverflüssigung
  - Modifiziertes IG-Verfahren

6.1 Lurgi-Druckvergasung

- Verfahrensprinzip
Autotherme Druckvergasung im Gegenstrom von stückiger Kohle mit
Wasserdampf und Sauerstoff im Festbettreaktor (Abb. 6-3).

- Beschreibung /6-5, 6-6, 6-7/
Die Rohkohle wird zunächst gewaschen, gebrochen, klassiert und
getrocknet, anschließend gelangt sie über eine periodisch arbeitende Schleuse in den Gaserzeuger und wird mechanisch über den
Schachtquerschnitt verteilt. Die Vergasung erfolgt mit Hilfe
eines Sauerstoff-Dampf-Gemisches, das durch den Drehrost in den
Reaktor eingeblasen wird.

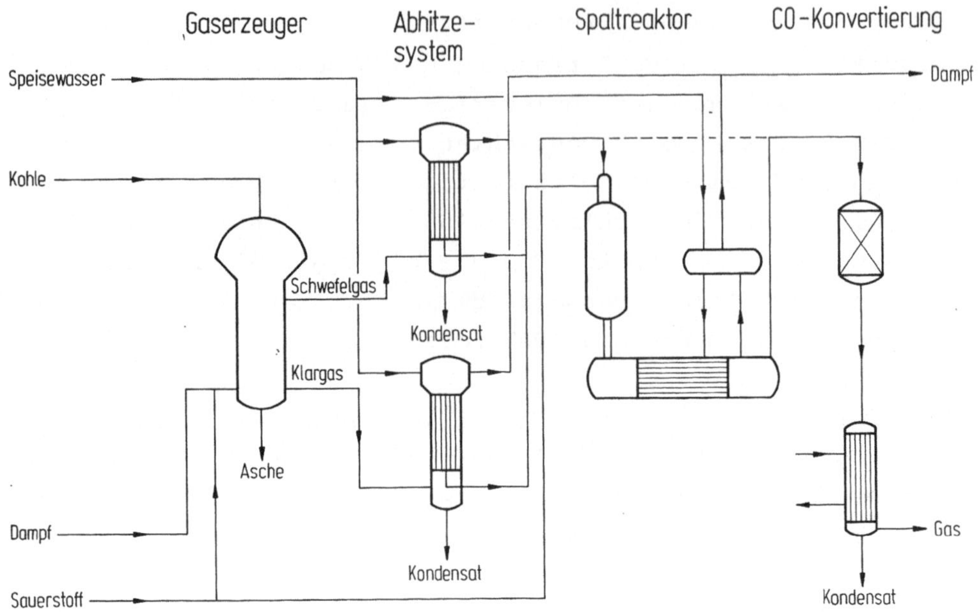

Abb. 6-3: Fließbild der Ruhr 100-Anlage /6-4/

Das auf dem Rost liegende Aschebett dient zur gleichmäßigen Verteilung und Vorwärmung des Vergasungsmittels. In einer kurzen
Verbrennungszone wird das Vergasungsmittel auf die Reaktions-
temperatur 600-700 °C aufgeheizt. Es folgt eine Zone, in der
vorwiegend die Wasserdampfvergasung stattfindet, in der darauf-
folgenden Schicht erfolgt eine Entgasung und hydrierende Vergasung der Kohle (bei 500-600 °C). Das Rohgas trocknet. schließlich noch die im Gegenstrom langsam nach unten wandernde Kohle,
bevor es - je nach Art der Einsatzkohle - bei Temperaturen
zwischen 300 und 800 °C den Vergaser verläßt, der als Doppel-
mantelgefäß mit Druckwasser-Verdampfungskühlung ausgebildet
ist. Die Asche wird periodisch über einen Schleusenbunker unterhalb des Vergasers abgezogen.

Das den Reaktor verlassende Rohgas wird in einem Waschkühler
mit Wasser auf 180-200 °C gequencht, wobei mitgerissener Kohlenstaub und Teer ausgewaschen werden. Im nachgeschalteten Abhitzekessel wird Niederdruckdampf von 5-7 bar gewonnen. Dabei fällt
die Gastemperatur nochmals um ca. 20-30 °C. Ein Teil des im

Abhitzekessel abgeschiedenen Gaswassers wird im vorangehenden
Waschkühler eingesetzt. Bei der Gasbehandlung im Waschkühler
fällt ferner Leichtöl-Kondensat an. Überschüssiges Gaswasser
und die Teer-Staub-Suspension des Waschkühlers werden gemeinsam
in einem Teerscheider aufgearbeitet, der staubhaltige Teer anschließend wieder in den Vergaser oben auf das Kohlebett gegeben. Er dient als wirksamer Staubfänger und wird nachfolgend
gecrackt und vergast.
Die Rohgaskonvertierung wird mit einem Teilstrom des Rohgases
in zwei Stufen durchgeführt. Kohlenmonoxid wird hierbei bis zu
einem Restgehalt von 4,5 % umgesetzt. Gleichzeitig werden die
höheren Kohlenwasserstoffe sowie HCN hydriert. Die Abwärme wird
zur Niederdruckdampferzeugung ausgenutzt.

Die Betriebskosten einer Konvertierungsanlage bestehen zum über-
wiegenden Teil aus den Kosten für den aufzuwendenden Dampf.
Dieser zusätzliche Aufwand wird vermieden, wenn der im unge-
reinigten, heißen Rohgas der Druckvergasung vorhandene Wasserdampf in der Rohgaskonvertierung unmittelbar für die Konvertierungsreaktion nutzbar gemacht wird.

Die exotherme Konvertierungsreaktion erfolgt an Co-Mo-Kataly-
satoren im Temperaturbereich von 380-460 °C.
Die weitere Gasreinigung erfolgt durch eine zweistufige Rectisolwäsche. Als Waschflüssigkeiten werden organische Lösungsmittel, vorzugsweise Methanol eingesetzt. In der ersten
Waschstufe werden Gasnaphtha und andere höhere Kohlenwasserstoffe sowie Restwasserdampf und Ammoniak ausgewaschen. Das
Lösungsmittel wird von den gelösten organischen Stoffen befreit
und durch Destillation zurückgewonnen. Die zweite Waschstufe
entfernt H_2S, COS und CO_2. Als Lösungsmittel dient das von der
Destillation kommende hochreine Methanol. Es wird anschließend
durch Heißregeneration von den Sauergasen befreit und ohne weitere Aufarbeitung in der ersten Waschstufe eingesetzt.
Das Sauergasgemisch wird in einer Claus-Anlage zu Schwefel
weiterverarbeitet.
Das bei der Gasreinigung abgeschiedene Gaswasser enthält die
wasserlöslichen Verunreinigungen des Rohgases, hauptsächlich

Phenole, Ammoniak und Teersäuren. Das durch Filtration von
Schwebestoffen befreite Wasser wird daher in einer Phenosol-
van-Anlage mit Isopropyläther oder Butylazetat als Lösungs-
mittel im Gegenstrom extrahiert. Der Extrakt wird in einer
Destillationskolonne zerlegt und das Lösungsmittel rezirku-
liert. Das von organischen Verunreinigungen befreite, aber noch
Ammoniak und Lösungsmittel enthaltende Wasser wird vorgewärmt
und in einer Desorptionskolonne mit Kreislaufstripgas vom
Ammoniak und Lösungsmittel befreit. Das gereinigte Wasser hat
Restgehalte von 20 ppm Phenol und von 60 ppm Ammoniak.

Als Vorteil des Lurgi-Druckvergasungsverfahrens ist zum einen
das Gegenstromprinzip anzusehen, das eine gute Wärmeausnutzung
und einen relativ geringen spezifischen Sauerstoff-Verbrauch
bewirkt.
Nachteile dieses Verfahrens sind erstens, daß mit Rücksicht auf
den Widerstand in der Schüttung ein bestimmtes Körnungsband der
Einsatzkohle eingehalten werden muß, da hohe Anteile an Unter-
korn zur Leistungsverminderung führen, und zweitens neben der
Vergasung eine Entgasung der Kohle stattfindet, die zu aufzu-
arbeitenden Schwelprodukten führt.
Das Hauptziel der Weiterentwicklung der LURGI-Druckvergasung
liegt in der Erhöhung des Betriebsdruckes im Gaserzeuger von
bisher ca. 30 bar bis auf maximal 100 bar. Die Entwicklungs-
ziele im einzelnen sind folgende /6-31/:
- Entwicklung und Bau eines Hochdruckgaserzeugers für Betriebs-
  drücke bis maximal 100 bar, wodurch die spezifische Durch-
  satzleistung vergrößert wird. Außerdem erhöht sich die
  Methanbildung durch vermehrte Hydrierung der Schwelprodukte
  im Gaserzeuger. Die bei der Methanbildung freiwerdende Wärme
  bleibt im Gaserzeuger, so daß als weiterer Vorteil für eine
  solche Fahrweise eine Verringerung des Vergasungsmittelver-
  brauchs erzielt werden kann. Bei der Weiterverarbeitung zum
  SNG sind damit rd. 70 % des im fertigen Gas enthaltenen
  Methans bereits im Rohgas vorhanden.
- Erweiterung des Körnungsspektrums der Einsatzkohle. Das
  Lurgi-Druckvergasungsverfahren wird bisher vorwiegend für
  schwach- bis nichtbackende Kohlen mit Korngrößen von ca.

3 bis 30 mm eingesetzt. Ziel ist es, das Körnungsband bis
hin zur Rohförderkohle mit vermehrtem Feinkornanteil auszu-
weiten.
- Reduzierung des Anfalls an Nebenprodukten. Infolge der Druck-
erhöhung im Gaserzeuger wird der aus der Kohle freiwerdende
Teer teilweise hydrierend zu Gas gespalten. Außerdem reduziert der höhere Druck die Bildung von Kohlenwasserstoffen
und damit auch von Phenolen.
- Anpassung des Verfahrens in bezug auf die Gasqualität. Es
ist vorgesehen, den Anteil an Kohlenoxid, Wasserstoff und
Methan im Rohgas je nach Weiterverarbeitung des Gases durch
katalytische oder thermische Nachbehandlung (partielle Oxidation) des Gases zu beeinflussen.

Beschreibung der Lurgi-Druckvergasung Typ Ruhr 100 /6-8/

Die zur Vergasung vorgesehene Kohle gelangt aus dem Tagesbunker
über die Kohlenschleuse diskontinuierlich in den Gaserzeuger.
Der Gaserzeuger ist als Mantelgefäß ausgebildet und liefert
einen Teil des zur Vergasung benötigten Hochdruckdampfes. Die
eingeschleuste Kohle baut sich als Festbett auf. Durch einen
rotierenden Rost werden die Vergasungsmittel Sauerstoff und
Dampf oder Luft/Dampf-Gemische eingeleitet. Unterhalb der
Kohlenschleuse befindet sich für die aufgegebene Kohle ein ro-
tierender Verteiler. Die Kohle durchläuft im Gegenstrom zum Gas
die Trocken- und die Schwelzone. In dieser Zone werden Schwelprodukte abgespalten. Außerdem laufen Sekundärreaktionen
zwischen Schwelprodukten und dem aus der Vergasungszone stammen-
den Gasgemischen ab.

Da im Bereich der Schwelzone bei Einsatzkohlen mit Backfähig-
keit die Gefahr des Zusammenbackens besteht, wird hier durch
eine geeignete Rührvorrichtung das Gut in Bewegung gehalten und
Verbackungen aufgebrochen. Gleichzeitig erreicht man hierdurch
eine gleichmäßigere Beaufschlagung der Schüttsäule mit dem Produktionsgas. Nach der Entgasung und Freisetzung der Schwelprodukte erfolgt die Vergasung des Halbkokses mit Wasserdampf und
Kohlendioxid in der Vergasungszone. Nicht umgesetzter Kohlen-

stoff wird unmittelbar oberhalb des Rostes mit Sauerstoff in
der Verbrennungszone verbrannt. Die exotherme Verbrennungs- und
Methanbildungsreaktion liefert die zur Wasserdampfvergasung
erforderliche Wärmemenge. Durch Zugabe von überschüssigem Dampf
wird die Temperatur in der Verbrennungszone so niedrig gehalten, daß kein Klinkern der Mineralstoffanteile erfolgt. Die
Asche gelangt durch den Rost in die Aschenschleuse, aus der sie
diskontinuierlich abgezogen wird.

Der Gaserzeuger RUHR 100 verfügt im Gegensatz zu den herkömmlichen LURGI-Gaserzeugern über zwei getrennte Gasabzüge, dem
Schwelgasabzug und dem Vergasungsgasabzug, kurz Klargasabzug ge-
nannt.
Mit dieser Anordnung kann der Temperaturverlauf und die Strö-
mungsgeschwindigkeit in der Schwelzone beeinflußt werden, was
besonders für backende und feinkornhaltige Einsatzkohlen von Bedeutung ist. Einsatzkohlen mit hohen Unterkornanteilen konnten
bisher nur unter Zurücknahme der Gaserzeugerleistung durchgesetzt werden. Durch die Reduzierung der Gasgeschwindigkeit soll
das Mitreißen von Feinstpartikel im Rohgas auf ein zulässiges
Maß eingestellt werden. Das aus dem Klargasabzug abzuziehende
Gas enthält voraussichtlich außer Staub keine wesentlichen
Beimengungen und kann nach erfolgter Staubabscheidung und
Wärmerückgewinnung direkt der Rohgaskonvertierung zur Einstellung des angestrebten CO/H_2-Verhältnisses zugeführt werden.

Das Gas aus dem Schwelgasabzug wird bevorzugt die kondensier-
baren Kohlenwasserstoffe und das in der Schwelzone gebildete
Methan enthalten. Somit wird der Aufwand für die Isolierung der
dampfförmigen Kohlenwasserstoffe und für die nachgeschaltete
Rohgasspaltung verringert.

Beide Gasströme werden in Waschkühlern und nachgeschalteten Ab-
hitzekesseln gekühlt. Dabei fallen neben Gaswasser Teer, Öl und
Phenole sowie geringe Mengen mitgerissenen Staubes an. Das abgeschiedene Kondensat wird in Gaswasser, Öl, Klarteer und Staub-
teer getrennt. Der staubhaltige Teer kann in den Gaserzeuger
rückgeführt werden.

Zur Herstellung von Stadtgasqualität ist die Umwandlung des Kohlenoxid-Anteils im Rohgas erforderlich. Nach einem von der LURGI und RUHRGAS entwickelten Verfahren kann das Druckvergasungsgas ohne vorausgegangene Entschwefelung direkt einer Konvertierungsanlage zugeführt werden. Der für die Konvertierungsreaktion benötigte Wasserdampf ist bereits im Rohgas enthalten.

Die Steinkohlengas AG hat erstmals zwei Anlagen zur Rohgaskonvertierung der Firma LURGI in Auftrag gegeben und erfolgreich bis zur Stillsetzung der Steinkohlen-Vergasung betrieben. Die Versuchsanlage wird ebenfalls eine Rohgaskonvertierungsstufe erhalten, um einerseits den Kohlenoxidgehalt im Rohgas zu reduzieren und andererseits die Qualität der im Rohgas enthaltenen dampfförmigen Kohlenwasserstoffe zu verbessern. Ferner ist daran gedacht, durch Eindüsen von phenolhaltigen Gaskondensaten einen weitgehenden Abbau der in der Weiterverarbeitung zu Schwierigkeiten führenden zweiwertigen Phenole zu erreichen.

6.2 Texaco-Verfahren

- Verfahrensprinzip
Autotherme Druckvergasung im Gleichstrom mit Dampf und Sauerstoff in der Flugstaubwolke.

- Beschreibung /6-4, 6-5, 6-9, 6-10/

Die vom Bergwerk angelieferte Kohle wird zunächst über Siebe und Brecher auf eine Korngröße $\leqslant$ 25 mm vorklassiert. In einem anschließenden Naß-Vermahlungskreislauf wird die Kohle auf die für den Texaco-Vergaser erforderliche Korngröße $\leqslant$ 0.15 mm gebracht. Vor der Mühle wird der Kohle ein Additiv zugesetzt, welches die Fließfähigkeit der Maische erheblich verbessert. Dieses Material gelangt in den Anmaischbehälter, wie Abb. 6-4 zeigt, welcher mit einem Rührwerk ausgestattet ist. Die Maische, die etwa 55 % Kohle enthält, wird mit Pumpen über

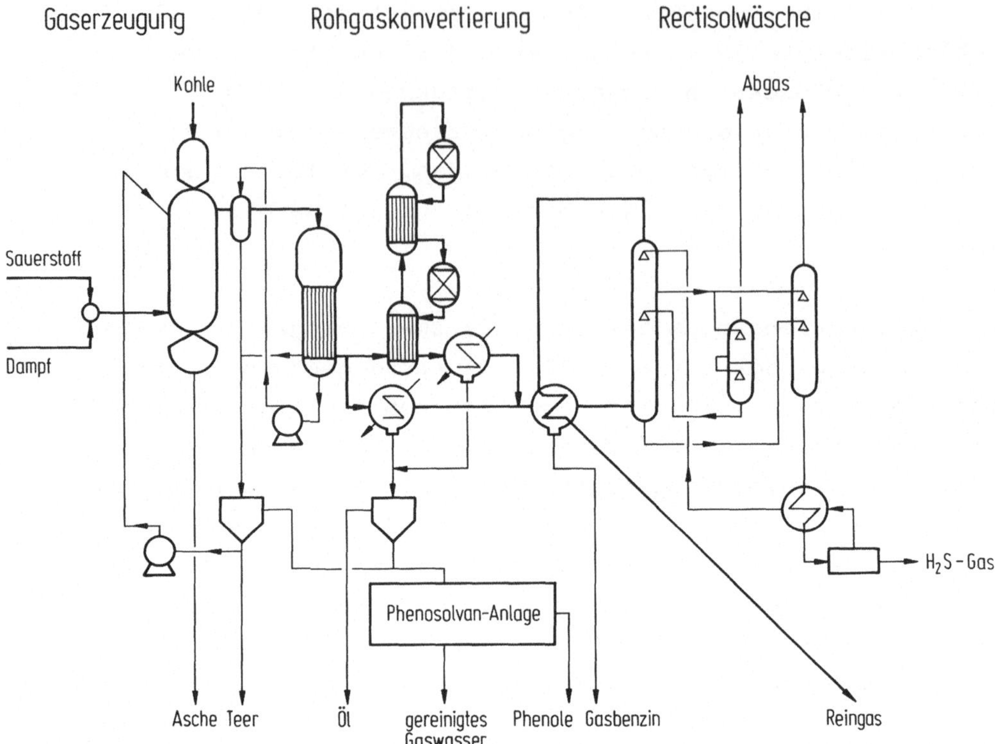

Abb. 6-4   Texaco Verfahrensflußbild /6-4/

einen dampfbeheizten Suspensionsvorwärmer zum Vergasungsreaktor gefördert. Die Suspension wird hierbei auf 540 °C erhitzt. Das dabei entstehende Kohle-Wasserdampfgemisch wird über eine am Kopf des Generators angebrachte Düse in den Vergasungsraum eingespeist. Die Sauerstoffzufuhr erfolgt über eine konzentrisch angebrachte Ringdüse.

Die Kohlenasche schmilzt infolge der hohen Temperatur. Es bilden sich Tröpfchen, die in einem Wasserbadkühler am Generatorboden abkühlen und als Granulat ausgeschleust werden. Das Rohgas wird im unteren Teil des Generators abgezogen. Die Arbeitstemperatur des Generators liegt im Bereich von etwa 1100-1400 °C. Der Arbeitsdruck beträgt 25-83 bar. Wegen der hohen Temperatur und dem hohen Druck ist der obere Teil des Texaco-Generators von einem Kühlmantel umgeben. Das zugeführte

Kühlwasser leitet die Wärme der Brennerdüsen sowie die
Reaktionswärme aus der Oxidationskammer ab.
Mit Hilfe von Sieben und einem Vorklärbecken wird die Grob-
schlacke abgetrennt und für den Abtransport eingelagert. Das Abwasser des Vorklärbeckens wird einem weiteren Klärbecken zugeleitet, in dem sich die Feinschlacke absetzt. Die Feinschlacke
und ein Teil des geklärten Wassers werden wieder dem Kohle-
schlamm-Mischer zugeführt. Der andere Teil des geklärten
Wassers wird zur Rohgaskühlung verwendet. Das im Generator
erzeugte Rohgas wird in den Gaskühler geleitet und wie bereits
erwähnt, mit dem Wasser des Klärbeckens gekühlt, wobei die im
Rohgas enthaltene Wärme gleichzeitig zur Dampferzeugung
ausgenutzt wird. Das abgekühlte Gas wird zusammen mit dem
Abwasser aus der Quenchzone des Gasgenerators über einen
Wäscher und Separator geschickt, um Feststoffteilchen aus dem
Gas zu entfernen. Das so gereinigte Rohgas wird einer zweiten
Kühlstufe zugeführt.

Der wäßrige Rückstand aus dem Separator wird in einen Entspannungsbehälter geleitet. Der dabei entstehende Dampf wird
dem Abwasserstripper zugeführt. In einem anschließenden Absetzbecken wird das Wasser von den Feststoffen getrennt und zusammen mit dem Abwasser aus der Schlackentrennung zur Kohleaufbereitung zurückgeführt.

Das Abwasser aus der Gaswäsche wird ebenfalls einem Entspannungsbehälter zugeführt. Das anfallende saure Abwasser wird
zur weiteren Behandlung dem Abwasser-Stripper zugeführt. Die
Gase aus dem Entspannungsbehälter werden zusammen mit den
Abgasen des Abwasser-Strippers zur Stretford-Anlage geleitet.

Um das für ein Synthesegas erforderliche CO/H_2-Verhältnis zu
erhalten wird das Rohgas oder ein Teilstrom davon der CO-Konvertierung zugeführt. Die Reaktion erfolgt bei höheren Temperaturen an einem Kobalt-Molybdän-Katalysator. Gleichzeitig
werden hierbei weitere im Rohgas enthaltene Kohlenwasserstoffe
sowie Schwefelverbindungen hydriert. Die Anwesenheit von
Schwefel vermindert die Aktivität des Katalysators, so daß

dieser in bestimmten Zeitabständen regeneriert werden muß.
Das Rohgas gelangt nach der Konvertierung zur Gaskühlung
von dort in die Rectisol-Anlage, wo CO_2, H_2S sowie COS aus dem
Gas entfernt werden. Die in der Rectisol-Anlage anfallenden
sauren Gase werden in einer Stretford-Anlage zu Schwefel
aufgearbeitet. Bevor das Abwasser aus dem Gaswäscher den Ab-
wasserreinigungsanlagen zugeleitet wird, wird es in einem Abwasser-Stripper von H_2S befreit. Das Kopfprodukt des Strippers
(H_2S) wird der Stretford-Anlage zugeführt.

6.3 Shell-Koppers-Verfahren

- Verfahrensprinzip
Autotherme Druckvergasung im Gleichstrom mit Dampf und Sauerstoff in der Flugstaubwolke

- Verfahrensbeschreibung /6-4, 6-5, 6-11, 6-12/

Der Prozeß ist gekennzeichnet durch autotherme Vergasung von
Kohlenstaub mit Sauerstoff (bzw. Luft) und Wasserdampf. Kohlenstaub und Vergasungsmittel werden im Gleichstrom in den Reaktor
eingeführt. Die Vergasung findet unter Druck sowie unter ver-
schlackenden Bedingungen statt, d.h. bei Temperaturen, die über
dem Schmelzpunkt der Asche liegen.

Der Prozeß ist für die vollständige Vergasung unterschiedlicher
fester Brennstoffe wie aller Arten von Kohlen und Petrolkoks geeignet. Brennstoffe mit hohem Aschegehalt (bis 40 Gew.%) und
hohem Schwefelgehalt (bis 8 Gew.%) können in der Shell-Koppers
Vergasungsanlage eingesetzt werden. Auch ein hoher Wassergehalt
der Kohle stellt kein technisches Problem dar.
Wie Abb. 6-5 zeigt, wird die Kohle (Korngrößen 90 % < 90 mm)
gemahlen und dabei gleichzeitig mit Rauchgas aus verbranntem
Produktgas je nach Art der Einsatzkohle bis auf eine Restfeuchte von 2 bis 8 % getrocknet. Für die Trocknung der Kohle
wird Heißgas verwendet, das aus einem Teilstrom des Kohlen-

staubs durch Verbrennung erzeugt wird. Das Heißgas ist gleichzeitig Fördermedium für den Kohlenstaub innerhalb der Kohlenvorbereitungsanlage. In Zyklonen erfolgt eine Großabscheidung
des Kohlenstaubs; eine nachfolgende Feinabscheidung erfolgt in
Elektrofiltern. Der Kohlenstaub wird pneumatisch zum Vergaser
gefördert und dort durch Schneckenaggregate dem Vergaser zugeführt. Vor Eintritt in den Vergaser wird dem Kohlenstaub die
erforderliche Menge Sauerstoff und, falls notwendig, Wasserdampf zugegeben.

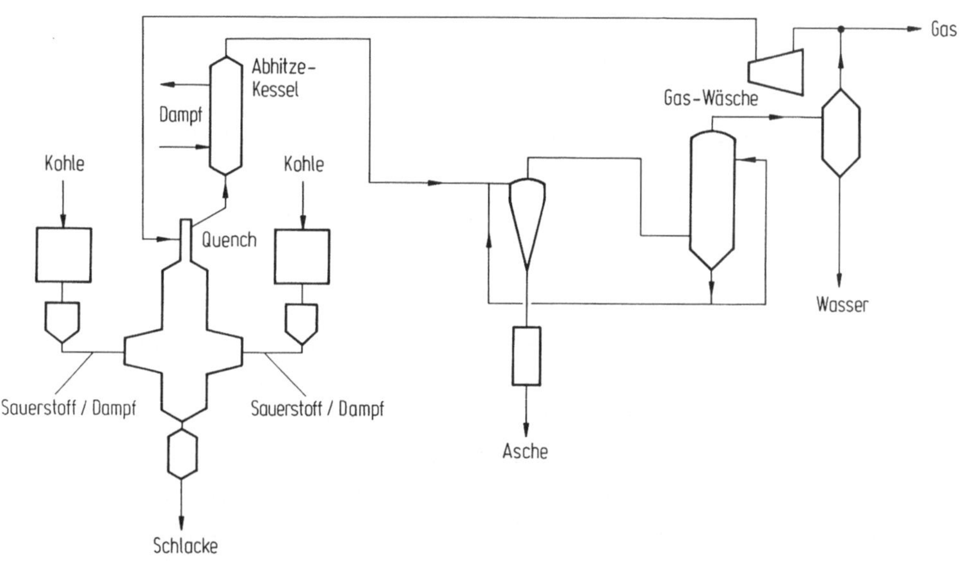

Abb. 6-5: Verfahrensflußbild des Shell-Koppers Verfahren /6-12/

Die Vergasung findet durch partielle Oxidation des Kohlenstaubes
mit Sauerstoff (oder Luft) und Wasserdampf statt. Die Reaktions-
temperatur liegt bei 1800 bis 2000 °C, die Reaktorauslaßtempera-
tur übersteigt normalerweise nicht 1400 bis 1500 °C. Der Betriebsdruck beträgt etwa 30 bar.
Die Kohle wird nahezu vollständig vergast; die Kohlenstoffum-
wandlung beträgt abhängig von der Kohlenart mindestens 98 %.
Infolge der hohen Vergasungstemperaturen entstehen keine teer-
oder phenolhaltigen Nebenprodukte, wodurch die Gasreinigung erheblich vereinfacht wird.

Der in der Kohle enthaltene Schwefel wird zu über 99 % zu H_2S
und COS umgewandelt.
Etwa die Hälfte der Asche wird als flüssige Schlacke, die an
den Vergaserwänden nach unten abfließt, in einem wassergefüll-
ten Tank abgeschreckt und unterhalb des Vergasers in granulier-
ter Form abgezogen, die andere Hälfte wird mit dem erzeugten
Gas als Flugasche aus dem Vergaser ausgetragen. Diese Flugasche-
tröpfchen müssen vor Erreichen des Abhitzekessels verfestigt
werden. Hierzu ist am Reaktorauslaß eine Quenchzone vorgesehen.
Im Abhitzekessel wird überhitzter Dampf von Drücken bis 100 bar
erzeugt. Die erzeugte Dampfmenge ist mehr als ausreichend für
den Betrieb der Kompressoren der Sauerstoff-Anlage.

In der Gasreinigung wird der Feststoffgehalt des Gases auf
weniger als 1 mg/Nm^3 reduziert. Vorteilhaft ist der Anfall von
nur geringen Abwassermengen.

Das abgekühlte und soweit gereinigte Rohgas enthält noch
Schwefelverbindungen sowie Spuren von Ammoniak und Cyanwasser-
stoff, die abgetrennt und in umweltneutrale Stoffe umgewandelt
werden müssen. Die Auswahl der dafür einzusetzenden Reinigungs-
verfahren hängt vom jeweiligen Verwendungszweck des Gases ab.
Anlagen zur Entfernung von H_2S, COS und, wenn erforderlich,
CO_2, können unter Verwendung verschiedener Verfahren der
Shell-Koppers Anlage nachgeschaltet werden. Sofern das Gas als
Brennstoff oder Reduktionsgas eingesetzt werden soll, muß sein
Schwefelgehalt entsprechend der jeweiligen Umweltvorschriften
reduziert werden.

Synthesegas aus der Kohlevergasung muß einen hohen Reinheits-
grad aufweisen und erfordert darum Reinigungssysteme, die eine
hohe Selektivität in der Entfernung von H_2S und CO_2 besitzen.

Soll das Gas in Gasturbinen verwendet werden, ist es vorteilhaft, den CO_2-Gehalt nicht zu reduzieren, da dies die Turbinenleistung verbessert.

Die Sauergase werden üblicherweise einer Claus-Anlage zugeführt. Etwa 92 % des Schwefels im Gas wird hier als elementarer Schwefel rückgewonnen. Sofern eine noch weitergehende Entschwefelung erforderlich ist, kann der SCOT-Prozeß (Shell-Claus-Offgas Treatment) nachgeschaltet werden.

Sauerstoff und Dampfverbrauch hängen von der Qualität der Einsatzkohle ab. Ein Sauerstoffbedarf von 0,9-1,0 t je Tonne wasser- und aschefreier Kohle (waf) ist typisch für Steinkohle. Für Kohle mit niedrigerem Inkohlungsgrad ist ein Wert von 0,7 t Sauerstoff je Tonne Kohle (waf) repräsentativ. Der Dampfbedarf ist sehr gering und beträgt Null für einige Braunkohlen, wenn Luft als Vergasungsmittel verwendet wird.

Die Rohgasproduktion beträgt etwa 2000 Nm^3 je t Steinkohle guter Qualität. Das CO/H_2-Verhältnis auf Volumenbasis liegt zwischen 2,0 und 2,4 bei den bevorzugten Betriebsbedingungen mit minimaler Wasserdampfzuführung. Der Brennwert des Gases (bei Sauerstoff als Vergasungsmittel) liegt bei 11300 kJ/Nm^3 (2700 $kcal/Nm^3$); der thermische Wirkungsgrad beträgt etwa 80 %.

6.4 Saarberg-Otto-Vergasungsverfahren

- Verfahrensprinzip

Autotherme Flugstromvergasung unter Druck mit Dampf und Sauerstoff.

- Verfahrensbeschreibung /6-5, 6-13, 6-18/

Die Einsatzkohle wird für die Vergasung durch eine Mahltrocknung aufbereitet; dabei genügt eine Mahlung auf eine Korngröße < 3 mm mit einem Anteil von 70 % < 0,5 mm im Einsatzgut. Der Endwassergehalt wird bei Steinkohle auf < 2 %, bei Braunkohle auf < 12 % eingestellt.

136

Wie Abb. 6-6 zeigt, werden für die Trocknung die von einer
Brennkammer kommenden Rauchgase verwendet. Der Rauchgasstrom
dient innerhalb der Mahltrocknungsanlage gleichzeitig als
Fördermedium für die gemahlene Kohle.

Mittels einer hochdruckfesten Schleuse wird die benötigte
Kohlenstaubmenge von dem unter Umgebungsdruck stehenden, mit
Stickstoff inertisierten Vorratsbunker in einen unter Förder-
druck stehenden Sender geschleust. Unter Verwendung einer mechanischen Dosierung werden definierte Kohlenstaubmengen konti-
nuierlich vier Förderleitungen aufgegeben. Der Kohlenstaub gelangt mittels Trägergas in den Vergaser.

Die zu vergasende Kohle, Vergasungsmittel und Trägergas werden
durch vier Düsen in den Reaktor eingeblasen. Der Sauerstoff
wird unter Ausnutzung von Sattdampf des Abhitzesystems im Sauer-
stofferhitzer vorgewärmt.

Stufe I des Vergasers ist die Zone der Primärumsetzung. Die
Reaktionstemperaturen in dieser Zone liegen zwischen 1650 und
2400 °C. Bei diesen hohen Temperaturen laufen die Vergasungs-
reaktionen innerhalb von Sekundenbruchteilen ab, d.h. teilweise
in den Düsenflammen. Weniger reaktive oder gröbere Teilchen
prallen auf das Schlackenbad oder werden von den wirbelnden
Gasen - ebenso wie sich bildende Schlackentröpfchen - zum Rand
geschleudert,so daß sie längere Verweilzeiten zur Vergasung erhalten.

Überschüssige Schlacke fließt durch einen zentralen Überlauf
ab, wird in einem unterhalb des Vergasers angeordneten Wasser-
gefäß granuliert und danach über ein Druck-Schleusensystem ausgetragen. Es wird ein Kohlenstoffgehalt in der abgezogenen
Schlacke von unter 1 % erwartet.

Der Wirbelbewegung in Stufe I ist eine Vertikalbewegung des
Gases überlagert; das Gas steigt von der Badoberfläche in dem
Schacht auf und passiert vor dem Eintritt in die Stufe II eine
Einschnürung des Vergaserkühlsystems. Hierdurch werden

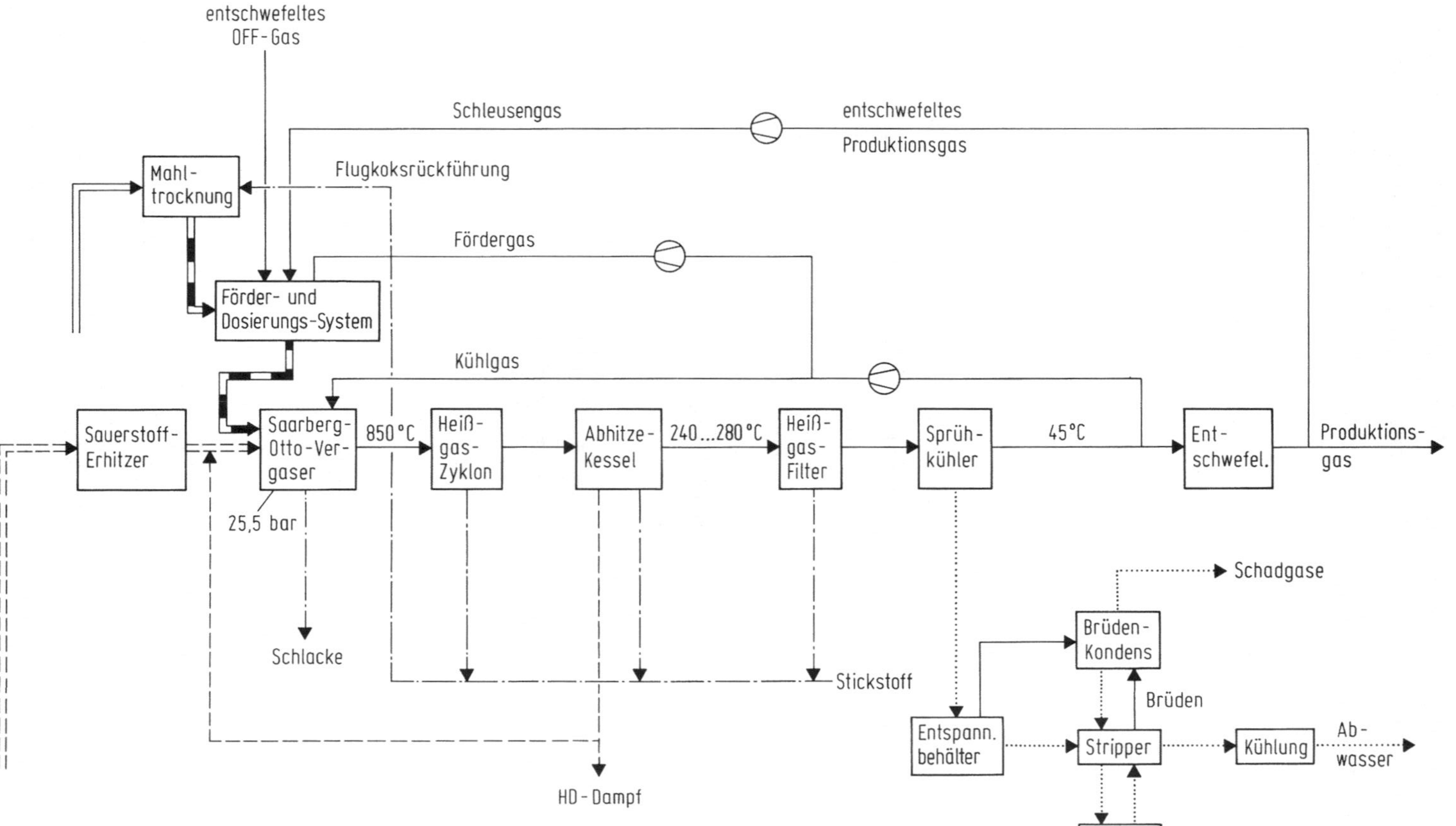

Abb. 6-6: Verfahrensflußbild des Saarberg-Otto-Verfahrens /6-5/

Schlacke- und Koksteilchen ausgeschleudert und fließen auf der
am Kühlsystem haftenden Schlackenschicht ins Bad zurück. Ferner
beruhigt sich der Gaswirbel nach Passieren der Verengung, so
daß in Stufe II unerwünschte Schlackenansätze vermieden werden.

Die Stufe II, in die das Gas mit einer Temperatur von etwa 1650
bis 1750 °C eintritt, dient als Sicherheitszone bei Unregel-
mäßigkeiten in Stufe I und als Nachreaktionszone, in der noch
ca. 10 % des Kohlenstoffes umgesetzt werden (bezogen auf den
Kohlenstoff im frisch eingesetzten Brennstoff).

In Stufe II kühlt sich der aufsteigende Gasstrom je nach
Durchsatz auf 1200 bis 1500 °C ab. Die Schachthöhe der Stufe II
ist so ausgelegt, daß das Produktionsgas beim Eintritt in die
Stufe III durch eine etwa gleichgroße Menge Kühlgas auf 850 °C
abgekühlt werden kann. Eine Abkühlung auf diese Temperatur ist
notwendig, damit die im Gasstrom mitgerissenen teigigen oder
noch flüssigen Schlackentröpfchen erstarren und somit ein "Zu-
wachsen" der Stufe III und der nachgeschalteten Gaswege vermieden wird. Gekühlt wird durch Zumischen von kaltem Recyclegas,
das hinter dem Sprühkühler abgezweigt wird.

Die Stufen I und II des Vergasers sind mit einer Zwangsumlauf-
kühlung versehen; es handelt sich um ein kombiniertes Siede-Kon-
densationskühlsystem, das auch als reines Siedekühlsystem betrieben werden kann. In das Zwangsumlaufkühlsystem ist bei Verwendung des Kühlsystems als Siede-Kondensationskühlung ein
Wärmetauscher integriert, der die vom Reaktor abgeführte Wärme
in Niederdruck-Dampf überführt. Der erzeugte Niederdruck-Dampf
wird verschiedenen Verwendungszwecken innerhalb des Prozesses
zugeführt.

Das mit etwa 850 °C den Vergaser verlassende Gas wird im Heißgaszyklon zu mehr als 94 % vom mitgeführten "carry-over" (Flug-
koks, Flugasche, Ruß) befreit.

Das Rohgas durchströmt dann den Abhitzekessel, wo es sich je
nach Durchsatz auf 240 bis 280 °C abkühlt. Dabei wird hochge-
spannter überhitzter Dampf erzeugt.

Das Rohgas aus dem Abhitzekessel wird nach Durchlaufen von
Druck-Heißgasfiltern dem Sprühkühler zugeführt und gelangt
anschließend zur Entschwefelung. Während des Versuchsbetriebes
in der Saarberg-Otto-Demonstrationsanlage wird eine Trockenent-
schwefelung des Rohgases durchgeführt (Adsorption des H_2S an
einer festen Reinigungsmasse /6-42/).

Die im Heißgaszyklon, Abhitzekessel und in den Heißgasfiltern
abgeschiedenen kohlenstoffhaltigen Staubmengen - bei der gewählten Fahrweise ca. 25 Gew.% der frisch eingesetzten Kohle -
werden in den Vergasungsprozeß zurückgeführt; während des Versuchsbetriebes erfolgt der Rücktransport des Flugstaubes in den
Reaktor über die Mahltrocknungsanlage.

Die Kühlung des im Sprühkühler aufgewärmten Kühlwassers erfolgt
durch Wärmetausch gegen gefiltertes Flußwasser als Kühlmedium.
Das ausgeschleuste Überschußkondensat wird von Betriebsdruck
auf Atmosphärendruck in einem Entspannungsbehälter entspannt;
dabei wird ein Teil der gelösten Gase aus dem Überschußwasser
freigesetzt und strömt dem Brüdenkondensator zu. Der noch im Abwasser enthaltene Anteil an gelösten Gasen wird durch Strippung
bis auf einen geringen Restgehalt entfernt. Die aus dem Brüdenkondensator entweichenden Gase enthalten die anfallenden Schad-
gase in konzentrierter Form und werden einer Nachverbrennung zugeführt. Das gereinigte Überschußwasser aus dem Abtreiber wird
gekühlt, verdünnt und gelangt dann in den Abwasserkanal.

Ein besonderes Merkmal des Vergasers ist ein Schlackenbad, das
hohe Flammentemperaturen, sicheres Zünden, den Einsatz von
relativ grobkörniger Kohle sowie eine sehr flexible Fahrweise
hinsichtlich Leistung und Einsatzstoffe ermöglicht. Insbesondere der mögliche Einsatz aller fossilen Brennstoffe mit Asche-
gehalten bis zu 40 % und ohne Einschränkungen durch Backeigen-
schaft, Mahlbarkeit und Ascheschmelzverhalten sowie der mögliche Einsatz von Rückständen aus Hydrieranlagen und
Raffinerien hebt die in Völklingen - Fürstenhausen durchge-
führte Entwicklung von denjenigen anderer Flugstromvergaser ab.
Dies gilt gleichermaßen auch für die hohen Vergasungstempera-

turen, die neben der geringfügigen Verbesserung des thermischen
Wirkungsgrades vor allem die Erzeugung eines Rohgases gewähr-
leisten, das frei ist von Teeren, Phenolen, Harzbildern und
ähnlichen Kohlenwasserstoffen, die nur mit erheblichem Aufwand
vom Synthesegas zu trennen sind.

6.5 Hochtemperatur-Winkler (HTW)-Verfahren

- Verfahrensprinzip

Autotherme Vergasung in der Wirbelschicht mit Wasserdampf und
Luft oder Sauerstoff unter einem Druck von ca. 10 bar.

- Verfahrensbeschreibung /6-30, 6-4, 6-5, 6-19, 6-20/

Aufbauend auf den Erfahrungen, die mit der Vergasung feinkörniger Kohle im Wirbelbett gemacht wurden, wird das Winkler-Ver-
fahren mit dem Ziel weiter entwickelt, durch Anheben von Druck
und Temperatur die Leistungsdaten und die Gasqualität zu verbessern.

Die wesentlichen Entwicklungsschwerpunkte im Vergleich zur
kommerziellen Winkler-Vergasung sind:
- Vergasung unter Druck zur Verbesserung der Leistungsdaten und
  Verringerung der Kompressionsenergie
- Vergasung bei höheren Temperaturen zur Verbesserung der
  Gasqualität und des Kohlenstoffumsatzes
- zusätzliche Verbesserung des Kohlenstoffumsatzes durch
  Rückführung des Staubaustrages in das Wirbelbett.

Mit dem HTW-Verfahren können die folgenden Produkte erzeugt
werden:
- Synthesegas als Chemierohstoff
- Reduktionsgas für metallurgische Zwecke
- Wasserstoff als Chemierohstoff und für Hydrierzwecke
- Schwachgas für Brennzwecke.

Aus technischen und wirtschaftlichen Gründen stellt die Erzeugung von Synthesegas zur Herstellung von Methanol ein Hauptentwicklungsziel dar. Der Verfahrensablauf eines solchen Prozesses ist in Abbildung 6-7 dargestellt.

Das Verfahren eignet sich vor allem für Braunkohle, da diese eine höhere Reaktionsfähigkeit besitzt.
Das HTW-Verfahren stellt sehr geringe Forderungen an die Beschaffenheit des Brennstoffes. Der Kohlenstoffvergasungsgrad hängt von der Körnung ab. Bei zu feiner Körnung kann der Brennstoffverbrauch durch Flugstaubverluste bei hoher Schachtbelastung der Generatoren bis zu 50 % und mehr ansteigen. Außer dem hohen Flugstaubverlust resultieren daraus auch eine erhebliche Mehrbelastung der Entstaubungseinrichtungen und eine erhöhte Korrosion. Ein Brennstoff mit hohem Grobkornanteil bringt ebenfalls erhöhte Verluste, da aufgrund der in der Wirbelschicht eintretenden Entmischung das Grobkorn zu früh, d.h. mit hohem Kohlenstoffanteil, mit der Asche ausgetragen wird.

Die Reaktorbeschickung erfolgt über eine Druckschleuse, in der das Kohle-Kalkstein-Gemisch auf den Reaktionsdruck gebracht wird.
Die Beimengung von Kalkstein zur Wirbelschicht verhindert das Zusammenbacken der Asche, wodurch es bei rheinischen Braunkohlen gelingt, eine relativ hochschmelzende Krümelasche zu erhalten. Gleichzeitig wird dadurch das Rohgas teilweise entschwefelt.
Die Vergasung findet bei einem Druck von 10 bar und Temperaturen zwischen 750 und 1100 °C statt. Als Vergasungsmittel können wahlweise O_2/Dampf-Gemische oder Luft auf verschiedenen Ebenen in den Vergaser eingegeben werden. Das erzeugte Rohgas verläßt den Vergaserkopf zusammen mit den nicht umgesetzten Kohlepartikeln, deren grober Anteil nach Abscheidung in einem ersten Zyklon in den unteren Teil der Wirbelschicht zurückgeführt wird. Je nach Fahrweise, Kohlezusammensetzung und Art der Zuschlagstoffe sammeln sich bevorzugt im unteren Teil der Wirbelschicht nicht mehr bzw. kaum noch reagierende Ascheteilchen mit geringem Kohlenstoffanteil an. Ein Teil des Wirbel-

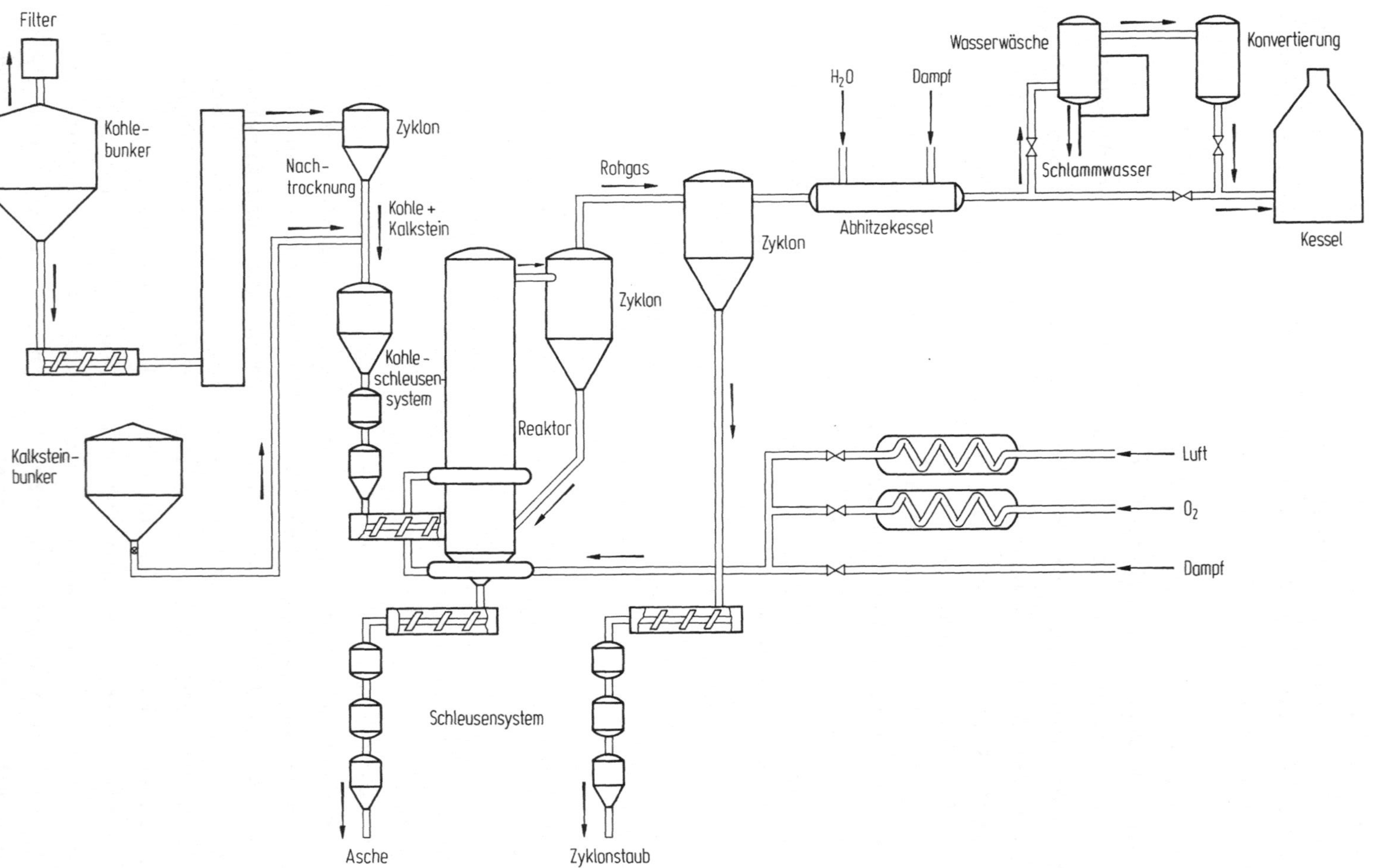

Abb. 6-7: Verfahrensschema des HTW-Prozesses /6-30/

schichtinhalts aus dem unteren Teil des Reaktors wird über das
Ascheschleusensystem aus dem Druckbereich ausgeschleust, gekühlt und anschließend in den Asche/Staubbunker gefördert.

Es ist beabsichtigt, auf der Grundlage der bisherigen Erkenntnisse eine HTW-Demonstrationsanlage zur Vergasung von 100 t/h
Trockenbraunkohle zu errichten. Das erzeugte Synthesegas wird
nach einer entsprechenden Gasaufbereitung zu der Union
Rheinische Braunkohlen Kraftstoff AG in Wesseling (UK Wesseling) geführt werden, wo es zur Methanolsynthese eingesetzt
wird und damit bisher aus Rohölprodukten hergestelltes
Synthesegas ersetzt. Die Anlage soll in zwei Bauabschnitten
errichtet werden. Der erste Bauabschnitt umfaßt einen Verga-
sungs- und Gasaufbereitungsstrang und soll bis 1983/84 fertiggestellt sein. In dem zweiten Bauabschnitt, der etwa 1987
abgeschlossen sein soll, ist nach erfolgreicher Inbetriebnahme
des ersten Stranges der Zubau von weiteren drei Vergasungs- und
Gasaufbereitungssträngen vorgesehen. Im Endausbau würde diese
Anlage dann eine Kapazität von ca. 1 Mrd. m³/Jahr spezifika-
tionsgerechtes Synthesegas und ca. 2 Mio t/Jahr Rohbraunkohle-
bedarf haben. Die Arbeiten zum Behörden-Engineering sind
abgeschlossen, so daß in Kürze das Genehmigungsverfahren
eingeleitet werden kann.

6.6 Hydrierende Vergasung von Braunkohle

- Verfahrensprinzip /6-22/
  Auto- u. allotherme Vergasung in der Wirbelschicht

Die Vergasung mit Wasserstoff führt zu einem besonders hohen
Primärmethangehalt im Rohgas und ist damit für die SNG-Erzeu-
gung besonders gut geeignet. Die Wasserstoffbereitstellung kann
auf zweierlei Wegen erfolgen. Im ersten Fall wird der Restkoks
der hydrierenden Vergasung mit Hilfe des bereits beschriebenen
HTW-Verfahrens vergast und das Rohgas in einer entsprechenden

nachgeschalteten Gasaufbereitungsanlage zu Wasserstoff umgewandelt. Dieser Kombinationsprozeß hat insgesamt einen niedrigen Sauerstoffverbrauch, einen hohen Kohlenstoffumsatz und benötigt keine Methanisierungsstufe. Die Energiebereitstellung kann in Form von Dampf und Strom aus fossilen oder nuklearen Kraftwerken erfolgen. Die zweite Möglichkeit der Wasserstoffbereitstellung besteht in der Kopplung der hydrierenden Vergasung mit einem Hochtemperatur-Kernreaktor. Hierbei wird ein Teil des erzeugten Methans in einem Röhrenspaltofen mit Hilfe nuklearer Prozeßwärme zu einem wasserstoffreichen Gas umgesetzt. Dieser Kombinationsprozeß führt zu einer Kohleeinsparung von bis zu 40 % und verspricht auf lange Sicht auch wirtschaftliche Vorteile. Somit bietet das Verfahren der hydrierenden Kohlevergasung den besonderen Vorteil, daß sowohl konventionell ein Teil des Energiebedarfs aus fossilen oder nuklearen Kraftwerken eingekoppelt werden kann als auch eine vollständige Energiebedarfsdeckung durch einen Hochtemperatur-Kernreaktor möglich ist.

- Verfahrensbeschreibung für allotherme Prozesse (PNP) /6-21,
  6-22/

Der Gesamtprozeß der hydrierenden Vergasung von Kohle zu Synthesegas wird durch das folgende vereinfachte Reaktionsschema charakterisiert:

$$
\begin{array}{lll}
\text{Vergaser} & 2\,C + 4\,H_2 \rightleftharpoons 2\,CH_4 & H = -172,5\ kJ \\
\text{Methan-} & & \\
\text{reformie-} & 2\,CH_4 + 2\,H_2O \rightleftharpoons 2\,CO + 6\,H_2 & H = +410,1\ kJ \\
\text{rung} & & \\
\text{Konver-} & CO + H_2O \rightleftharpoons CO_2 + H_2 & H = -41,2\ kJ \\
\text{tierung} & & \\
\text{Gesamt-} & 2\,C + 3\,H_2O \rightleftharpoons 3\,H_2 + CO + CO_2 & H = +196,4\ kJ \\
\text{prozeß} & & \\
\end{array}
$$

Während die Vergasungs- und Konvertierungsreaktion exotherm sind, ist die Methanreformierung endotherm. Dieser Verfahrensschritt dient daher zur Einkopplung der nuklearen Prozeßwärme

auf hohem Temperaturniveau, während die verbleibende Prozeßwärme auf niedrigem Temperaturniveau zur Dampferzeugung genutzt
wird.

Abb. 6-8 zeigt ein Fließschema der hydrierenden Vergasung von
Braunkohle zu Synthesegas unter Ankopplung nuklearer Prozeßwärme.

Die gemahlene Rohbraunkohle wird in dampfbeheizten Röhrentrocknern von einem mittleren Wassergehalt von 59 % auf einen
Wassergehalt von 10 % getrocknet.

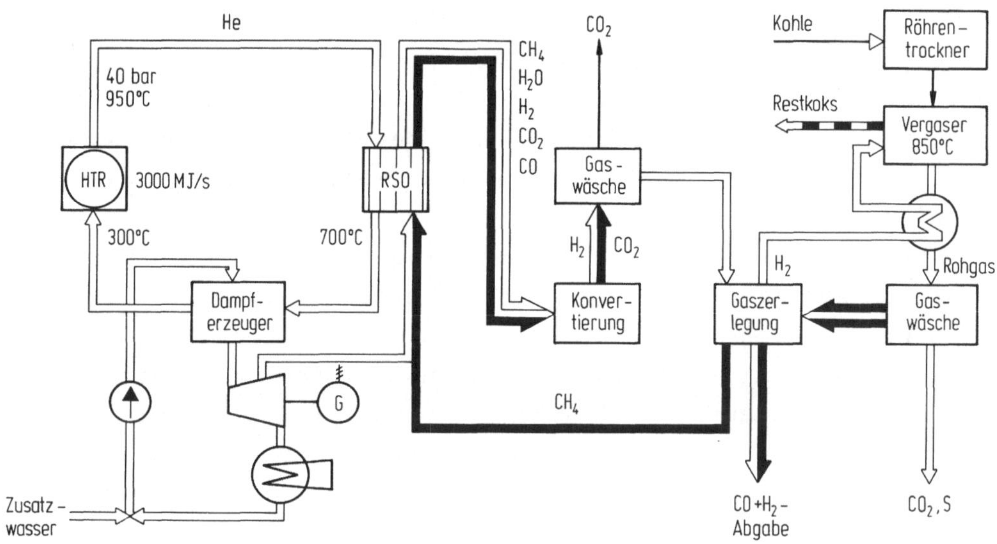

Abb. 6-8: Verfahrensschema der hydrierenden Vergasung von Braunkohle /6-22/

Die getrocknete Kohle wird anschließend in vier parallelen
Gaserzeugern mit einem im wesentlichen aus Wasserstoff bestehenden Hydriergas bei 80 bar und 850 °C im Wirbelbett zu einem
methanreichen Rohgas umgesetzt. Es ist vorgesehen die Vergasung
aus kinetischen Gründen bis zu einem C-Vergasungsgrad von 63,5 %
durchzuführen. Der in den Gaserzeugern gebildete Restkoks wird
gekühlt und ausgeschleust. Die fühlbare Wärme des heißen Rohga-

ses wird zunächst zur Vorwärmung des Hydriergases und zur Erzeugung von ND-Dampf genutzt. Dabei wird das Rohgas auf 180 °C abgekühlt, in eine Wasserwäsche geführt, auf 165 °C abgekühlt und aus den Gaserzeugern mitgerissenen Feinanteilen befreit. Anschließend wird das Rohgas weiter abgekühlt, wobei ein Teil der Abwärme für die Reboiler der Amisolwäsche genutzt wird. Das kalte Rohgas wird schließlich in einer Amisolwäsche von CO_2 und H_2S befreit. Das im wesentlichen aus CO_2 und H_2S bestehende Sauergas wird einer Stretfordanlage zugeführt, in der das H_2S zu elementarem Schwefel weiterverarbeitet wird. Das Rohgas wird nach Durchlaufen von Molsieben zur Abtrennung von Restmengen CO_2, H_2O und CH_3OH der Tieftemperaturzerlegung zugeleitet. Zusammen mit dem Konvertgas wird das gereinigte Rohgas in der Tieftemperaturzerlegung in drei Fraktionen zerlegt. Die CH_4-Fraktion, die drucklos anfällt, wird auf 42 bar verdichtet und der Methanreformierung zugeführt. Die Methanreformierung kann zur Einkopplung von Kernenergie genutzt werden. Die CO-H_2-Fraktion wird auf 70 bar verdichtet und als Produkt abgegeben. Die H_2-Fraktion setzt sich aus dem Hydriergas und der Wasserstoffproduktion zusammen. Ein Teil der Wasserstoffproduktion wird der CO/H_2-Fraktion zur Einstellung des gewünschten CO/H_2-Verhältnisses beigemischt. Das vom Röhrenspaltofen gelieferte Reformergas wird auf 360 °C abgekühlt und ein Teilstrom einer Konvertierung zugeführt, um die gewünschte Produktgaszusammensetzung einzustellen. Das nicht der Konvertierung zugeführte Reformergas und das Konvertgas werden auf 35 °C gekühlt. Die Abwärme wird zur Erzeugung von ND-Dampf für die Kohletrocknung und für die Beheizung der Reboiler der Rectisolwäsche genutzt. Das kalte Gas wird auf 72 bar komprimiert und in einer Rectisolwäsche von CO_2 befreit. Das CO_2-freie Gas wird der Tieftemperaturzerlegung zugeleitet.

Der bei der hydrierenden Vergasung als Nebenprodukt erzeugte Restkoks enthält je nach Betriebsbedingungen der Vergasung unterschiedliche Mengen des mit der Kohle eingebrachten Schwefels.

Der Restkoks wird in Kraftwerken zur Stromerzeugung eingesetzt.

Grundsätzlich kann der PNP-Prozeß sowohl für die Erzeugung von
Synthesegas als auch für Methan ausgelegt werden.

6.7 Modifiziertes IG-Verfahren

Im Gegensatz zum vollständig entwickelten und seit vielen
Jahren in industriellem Maßstab betriebenen Sasol-Synthese-
Verfahren befindet sich das modifizierte Bergius-Verfahren erst
im Stadium von Pilotanlagen.

- Verfahrensprinzip

Katalytische Kohlehydrierung unter einem Druck von 300 bar zur
Erzeugung von flüssigen und gasförmigen Kohlenwasserstoffen.

- Verfahrensbeschreibung /6-4, 6-9, 6-23, 6-24/

Die Einsatzkohle für das modifizierte Bergius-Verfahren wird
vorgebrochen, gereinigt und bis auf eine Restfeuchte von 0,5 %
getrocknet. Anschließend wird die Einsatzkohle durch Vermahlen
auf etwa 0,1 mm, die für die Herstellung der Kohlesuspension
geeignete Korngröße gebracht.

Die getrocknete und gemahlene Einsatzkohle gelangt von der
Kohleaufbereitung zum Anmaischbehälter, wo durch Anmaischen mit
aus dem Verfahren zurückgeführten Ölen sowie durch Zugabe des
pulverförmigen Eisendioxidkatalysators (1-Weg-Katalysator) die
Kohlesuspension hergestellt wird. Dabei wird als Kreislauföl
zum Anmaischen der Einsatzkohle ein Mischöl eingesetzt, das aus
dem Kopfprodukt der Vakuumdestillation der Anlage sowie Teilen
der Mittel- und Schweröl-Fraktionen der atmosphärischen
Destillation besteht. Die Mittel- und Schwerölanteile dienen dabei zur Einstellung der Menge und Qualität des Kreislauföls.
Die Maische enthält etwa 40 % Kohle. Die Kohlesuspension wird
mit Hochdruck-Pumpen in den Vorerhitzer gepumpt. Vor Eintritt

148

in den Vorerhitzer wird der für die Kohlehydrierung erforderliche Wasserstoff eingesetzt. Im Vorerhitzer wird das Reaktionsgemisch bei einem Druck von 300 bar bis auf etwa 425 °C erhitzt. Bereits dort setzt mit der steigenden Temperatur die
Zersetzung der organischen Kohlesubstanz ein.

Vom Vorerhitzer gelangt das Reaktionsgemisch in die Hydrier-
reaktoren. Bei einem Druck von etwa 300 bar und Temperaturen
bis zu etwa 475 °C läuft in ihnen die Kohlehydrierung ab. Die
Zersetzung der Kohle erfordert dabei eine Verweilzeit von etwa
30 bis 50 Minuten.

Bei der Zersetzung der Kohle werden auch leichte Kohlenwasserstoffe, wie Methan oder Butan, gebildet. Durch die Wahl geeig-
neter Betriebsparameter wird die Produktion flüssiger Kohlen-
wasserstoffprodukte im Naphtha- und Heizölbereich so hoch wie
möglich eingestellt.

Der in der Kohlehydrierung erzeugte Rohproduktstrom enthält
außer dampfförmigen und flüssigen Kohlenwasserstoffprodukten
auch Wasserstoff und nicht umgesetzte Kohle. Zur Vortrennung in
dampfförmige Anteile und einen feststoffhaltigen Schwerölstrom
durchlaufen die Reaktionsprodukte zunächst den Heißabscheider.
Der Schwerölstrom wird zur Vakuumdestillation weitergeleitet
und dort in Schweröl und Rückstand aufgetrennt. Von den dampfförmigen Produkten des Heißabscheiders werden im Kaltabscheider
bei niedrigerer Temperatur leichtflüchtige Bestandteile abgetrennt. Der verbleibende flüssige Produktstrom wird als Kohleöl
bezeichnet. Er wird in der Fraktionierung zu Flüssiggas,
Naphtha-Fraktion (Mittelöl) und einer schweren Heizöl-Fraktion
(Schweröl) zerlegt.

In Anlehnung an die bisher für den in der Verfahrensentwicklung
angewandten Anlagenaufbau werden aus dem gasförmigen Produktstrom des Kaltabscheiders in einer Ölwäsche die Kohlenwasser-
stoff-Bestandteile soweit wie möglich entfernt. Das so erzeugte
wasserstoffreiche Gas wird als Kreislaufgas vor den Vorerhitzer
zurückgeführt. Die in der Ölwäsche anfallenden leichten Kohlen-

wasserstoffe, in der Hauptsache Methan, werden nach Aufarbeitung in der Gaswäsche als Heizgas innerhalb der Anlage verwendet bzw. abgegeben. Ebenso stellt das Flüssiggas nach Entschwefelung in einer Gaswäsche ein verkaufsfähiges Endprodukt dar. Ein Teil der in der Fraktionierung erzeugten Mittel- und Schweröl-Fraktionen wird zur Abstimmung von Menge und Qualität des Kreislauföls zusammen mit dem in der Vakuumdestillation erzeugtem Schweröl zur Kohleaufbereitung zurückgeführt. Dieser Verfahrensaufbau für die Aufarbeitung der Reaktionsprodukte entspricht in etwa dem Entwicklungsstand des Verfahrens. Die verschiedenen Verfahrensstufen werden durch weitere Ausarbeitung und Optimierung auf die Erfordernisse einer Großanlage abzustimmen sein.
Die Leichtöl-, Mittelöl- und Schweröl-Fraktionen werden durch Hydrotreating weiter aufgearbeitet, so daß sie den Spezifikationen verkaufssfähiger Endprodukte entsprechen.

Der für die Kohlehydrierung nach dem modifizierten Bergius-Verfahren sowie für die verschiedenen Hydrotreating-Anlagen erforderliche Wasserstoff wird innerhalb der Gesamtanlage durch eine Vergasungsanlage mit anschließender CO-Konvertierung erzeugt. Im Generator der Vergasungsanlage wird aus dem Rückstand der Vakuumdestillation oder Kohle ein Generatorgas erzeugt, aus dem anschließend in der CO-Konvertierung ein wasserstoffreiches Gas erzeugt wird.

Das in der CO-Konvertierung erzeugte wasserstoffreiche Gas enthält beträchtliche Mengen Kohlendioxid und Schwefelwasserstoff. Diese Verunreinigungen werden in einer Gaswäsche entfernt, bevor das gereinigte Wasserstoffgas als Frischwasserstoff an die verschiedenen Verbraucher innerhalb der Gesamtanlage weitergeleitet wird. Bei einer Anlage mit Emissionsminderungsmaßnahmen, d.h. bei praktisch jeder realistischen Konzeption für eine Großanlage, wird der Schwefelwasserstoff aus den in der Gaswäsche anfallenden sauren Gasen in einer Schwefelanlage entfernt, bevor die Restgase in die Atmosphäre gelangen. Dieser Anlagenteil dient als Reinigungsstufe für die sauren Gase aller Gaswäschen der Gesamtanlage, aus denen hier der Schwefelwasser-

stoff entfernt wird. Der entfernte Schwefel fällt als verkaufsfähiges Endprodukt an. Der Aufbau der Schwefelgewinnung wird
dem der entsprechenden Anlage in einem SRC-II-Komplex vergleichbar sein. Auch hier wird aufgrund der bisher vorliegenden
Verfahrensdaten vorläufig davon ausgegangen, daß die
sauren Gase,die aus der Prozeßgaswäsche anfallen,zunächst in
einer Claus-Anlage zu etwa 95 % entschwefelt werden. Aus den
Restgasen der Claus-Anlage wird anschließend in einer für die
Nachbehandlung geeigneten weiteren Anlage, zum Beispiel in
einer Stretford-Anlage, der verbleibende Schwefel weitgehend
entfernt (99 %).

Die Gesamtanlage umfaßt eine Dampferzeugungsanlage, die auf
Basis von Kohlefeuerung Hochdruckdampf als Prozeßdampf für die
Vergasungsanlage und die CO-Konvertierung sowie als Betriebs-
mittel an verschiedenen anderen Stellen des Komplexes Verwen-
dung finden.
In einer Sauerstoffanlage wird durch Luftzerlegung der für die
Rückstandsvergasung benötigte Sauerstoff erzeugt.

6.8 Umweltrelevante Probleme

Bei Kohleveredelungsanlagen können sich in verschiedenen Ver-
arbeitungsstufen Emissionen ergeben, die entweder als Gas in
die Umgebungsluft entweichen, oder sich fest bzw. flüssig an
Land oder im Wasser ablagern. Zur Behandlung dieser Emissionen
gibt es bereits aus anderen Industriezweigen bekannte Reini-
gungs- und Rückhalteverfahren. Diese werden auch bei Kohleveredlungsanlagen ihren Einsatz finden.

Bei der Betrachtung zu erwartender Schadstoffe ist zu beachten, daß neben der chemischen Zusammensetzung der Kohle auch
die jeweilige Prozeßführung - Temperatur, Druck, Verweilzeit,
Reaktortyp - für den Anfall von Verunreinigungen von Bedeutung
ist.

Verunreinigungen können grob wie folgt eingeteilt werden
/6-30/:

Luft
- Spurenelemente
- Stickstoffverbindungen
- Schwefelverbindungen
- Kohlenstoffverbindungen
- Zyanverbindungen
- Teer (Kohlenwasserstoffe)
- Stäube
(- Katalysatorabrieb)

Wasser
- lösliche Aschebestandteile (Mineralien)
- Spurenelemente
- Teer (KWS)
- organische Verbindungen (Fettsäuren, Phenole)
- anorganische Verbindungen (Ammoniak)

Rückstand
- nicht reagierter Kohlenstoff
- Asche (Spurenelemente, Mineralien)
- Teer (KWS)
- Feinstäube (z.B. Filterkuchen).

Zur Betrachtung der emissionsrelevanten Bereiche ist es zweckmäßig die Kohleveredelungsanlage grob zu strukturieren in:

- Kohleumschlag, Kohlenvorbereitung
- Zentrale Dampf- und Energieerzeugung
- Kohlenumwandlungsanlagen
- Produktaufbereitungsanlagen
- Diffuse Emissionen aus Produktenumschlag und -lagerung.

6.8.1 Verflüssigung

Umweltbereich Luft /6-27, 6-28/

- Kohleumschlag, -lager, -aufbereitung (Katalysatoraufbereitung)

Kohleumschlags- und Kohleverladevorgänge sind in vielen Fällen
mit erheblicher Staubentwicklung verbunden und verursachen
Emissionen. Lagerhalden können durch Windangriff zu Staub-
emittenten werden. Aus Beobachtungen an Umschlagstellen von
Halden hat sich gezeigt, daß lediglich ein Teil des auf-
gewirbelten Staubes weitergetragen wird, der größte Teil sinkt
noch im Haldenbereich zu Boden.
Kohleaufbereitungsstufen sind z.B. das Brechen, Mahlen, Sieben
und Trocknen. Innerhalb dieser Stufen sind zusätzliche Vorgänge
- u.a. das Transportieren Abfüllen und Lagern - notwendig. Aufbereitungsanlagen können zu einem beträchtlichen Anteil die
Emittenten von Feststoffemissionen sein.
Neben der Entstehung von Feststoffemissionen können beim
Trocknen der Kohle - z.B. bei Verwendung von Heizgasen - Rauchgasemissionen entstehen. Emissionen aus der Katalysatoraufbereitung sind in Kohlehydrieranlagen dann zu erwarten, wenn die
einzusetzende Rotmasse konfektioniert wird.

- Zentrale Dampf- und Energieerzeugung
Der Kohleeinsatz in die zentrale Energieerzeugung beträgt je
nach Verfahren zwischen 4 und 22 % des Gesamteinsatzes. Der
Emissionsanteil an den Gesamtemissionen einer Kohleveredelungs-
anlage liegt jedoch je nach Schadstoff weit über 50 %. Bei
Dampferzeugern können prinzipiell eine ganze Reihe von Schadstoffen mit dem Rauchgas in die Umwelt gelangen. Die wichtigsten dieser Schadstoffe sind Staub, Feinstaub, SO_2, NO_x, CO_2,
CO, C_mH_n, PAH, Pb, Cd, Zn, Hg, U, F sowie die Radionuklide
U^{234}, U^{238}, Th^{228}, Th^{230}, Th^{232}, Ra^{226}, Ra^{228}, Pb^{210}, Po^{210},
K^{40}, Rn^{220}, Ru^{222}. Je nach Kohlenart und Feuerungstechnik sind
die spezifischen Emissionen unterschiedlich.

- Kohlenumwandlungsanlagen
Maischevorwärmung, Destillationsanlagen sowie Nebenanlagen,
z.B. der Klärschlammverbrennung wird die benötigte Energie
durch Direktbefeuerung zugeführt. Die hierbei anfallenden
Rauchgase sind als wesentlicher Beitrag zur Gesamtemission anzusehen, wobei die Zusammensetzung der Rauchgase entscheidend vom
verwendeten Brennstoff sowie von der Verbrennungsführung

bestimmt ist. So sind z.B. die Rauchgase aus der Dampferzeugung
insofern kritisch zu sehen, weil derzeit keine Abschätzung
darüber vorliegt, inwieweit die Zufeuerung von Teer und
Schleusengas eine Erhöhung der Emissionsfaktoren insbesondere
von C_mH_n, PAH etc. bewirkt.

Auch wenn die zugefeuerten Brennstoffe gereinigt werden und
durch die moderne Feuerungstechnik eine geringe Schadstoffbe-
ladung der Rauchgase erreicht wird, ist durch die großen Rauch-
gasmengen eine erhebliche Emissionsbelastung gegeben.

Kohleverflüssigungsanlagen bedürfen einer großen Kühlleistung.
Zur Rückkühlung werden in der Regel zwangsbelüftete Kühltürme
eingesetzt. Luftverunreinigungen können hierbei durch Leckagen
und Verdunstung von verunreinigtem Kühlwasser entstehen.
Ein erhebliches Emissionsproblem können auch ölhaltige Ober-
flächenabwässer und aufgearbeitete Prozeßwässer mit Restge-
halten an organischen Verbindungen sein.

- Produktlagerung und Transport

Die Problematik der Kohlenwasserstoffemissionen aus Tankatmung
und Dichtelementen ist hier ähnlich wie im Raffineriebereich.
Nach Angaben der Mineralölindustrie /6-4/ betragen die diffusen
Emissionen ca. 0,01 % des eingesetzten Rohöls. Nach /6-32/ betragen die Kohlenwasserstoffverluste bezogen auf den Rohölein-
satz 0,4-0,5 %. Davon entfallen

          12,5 % auf Verladung
           9,7 % auf Tanks
           1,3 % auf Flansche, Dichtungen, etc.

Bei Übertragung dieser Faktoren ergeben sich für Kohleumwandlungsanlagen spezifische Emissionswerte von 7,6, 5,9 und 0,8 kg
für Verladung, Tanks und Dichtungen pro TJ eingesetzter Kohle.
Es muß jedoch darauf hingewiesen werden, daß insbesondere bei
Kohleverflüssigungsanlagen die emittierten Kohlenwasserstoffe
z.T. von ganz anderer Art sein können, d.h. es können vermehrt
PAH auftreten. Ferner können sich Geruchsprobleme durch Verlust

beim Umschlag und der Lagerung vor allem leichtsiedender Produkte ergeben. Auch Leckageverluste können lokale Geruchsprobleme mit sich bringen.

Unter Berücksichtigung einer lärmarmen Technik beinhalten die
kohleverflüssigungsspezifischen Anlagenbereiche keine bedeutsamen Lärmquellen. Die Lärmemissionen entstehen vielmehr in den
industrieüblichen Anlagenbereichen. Durch die Größe der Anlage
ergeben sich nach dem Abstandserlaß für das Land Nordrhein Westfalen sowie der TA-Lärm /6-46/ standortabhängige Mindestab-
stände.
Ergebnisse aus /6-37/ zeigen, daß nach dem Stand der Lärmbekämpfungstechnik im Abstand von ca. 1400 m 40 dB(A) und bei
ca. 2000 m 35 dB(A) vom Schallmittelpunkt erreicht werden
können.

Umweltbereich Wasser

Emissionen durch Abläufe aus Kohle- und Rückstandslägern sind
dann zu erwarten, wenn sie nicht geschlossen sind.
Abläufe aus dem Bereich der Prozeßanlagen können bei Kontakt
mit Produkten mit organischen Verbindungen erheblich verunreinigt sein und müssen daher ggf. einer biologischen Voll-
reinigung – die Bestandteil der Anlage ist – unterzogen werden.
Abwässer fallen als Kondensate oder Scheidewässer in verschiedenen Anlagenbereichen an. Sie werden über ein Slopsystem erfaßt und in einer Abwasser-Aufbereitungsanlage abgearbeitet
oder direkt dem Prozeßwasser zugeschlagen. Die Abschlämmwässer
der Kühltürme sind in erster Linie mit anorganischen Stoffen
beladen. Informationen über Art und Menge der Abwässer sind für
die einzelnen Verfahren nicht bzw. sehr spärlich verfügbar.
Toxische Begleitstoffe erschweren die biologische Vollreini-
gung.
Prozeßabwässer fallen in folgenden Teilanlagen an:

Vergasung
kondensierter, überschüssiger Dampf der Vergasungsreaktion,
Waschwasser des Rohgases, gestripptes Abwasser aus CO-Konvertierung und Rectisolwäsche

Gasaufbereitung

Waschwasser aus der Ammoniak- und Schwefelwasserstoffwasch-
stufe.

Schweröldestillation

Strippdampfkondensate

Clausanlage

Reaktionswasser aus der Clausgasnachbehandlung (Scot-Stufe)

Kühlwerk

Abschlämmwasser aus dem Kühlwerk

Hydrierung und Anmaischung

Reaktionswasser aus dem Hydrierprozeß sowie salz- und schwefel-
wasserstoffbeladenes Waschwasser aus Apparaten

Benzinentschwefelung

Reaktionswasser sowie schwefelwasserstoff- und phenolhaltiges
Waschwasser

Methanolanlage

Reaktionswasser

Umweltbereich Boden

Anfallende Prozeßrückstände aus dem Hydrierprozeß werden in
eine Vergasungsanlage überführt. Die Produktionsabfälle werden
hauptsächlich durch den Einsatz von Katalysatoren und durch den
Aschegehalt der Kohle verursacht. In anderen Anlagenbereichen
fallen ebenfalls größere Mengen an zu deponierenden Abfall-
stoffen an, wie z.B. in der Dampferzeugungsanlagen oder der
Rauchgasentschwefelungsanlage.

Ausgefällte Feststoffe und Abschlamm der biologischen Reinigung
sind bei der Abwasseraufbereitung zu erwarten. Eine

abschließende Beurteilung der Deponiefähigkeit der aus den
Reaktoren, Staubscheidern und anderen Separatoren anfallenden
festen Rückstände ist noch nicht möglich. Insgesamt ist sowohl
hinsichtlich der Menge als auch möglicherweise von der Art der
Inhaltsstoffe von einer deutlich höheren Umweltgefährdung als
bei der Kohleverstromung auszugehen.

Eine Gegenüberstellung des Einflusses der wasserlöslichen Fraktionen dreier Öle
  - normales Heizöl
  - Dieselöl
  - Öl aus der Verflüssigungsanlage

auf die Photosynthese mehrerer Organismen ergab, daß die synthe-
tischen Öle höhere Wirkungen zeigen. Durch den Vergleich des
TOC-Wertes (total organic carbon) mit ihrem Phenolgehalt ließ
sich zeigen, daß die höhere Giftigkeit teilweise auf einen
höheren Phenolgehalt zurückzuführen ist.

Gefunden wurden:

Wasserlösliche Fraktion	TOC-Wert	Phenole
Heizöl	$19 \ g/m^3$	$22 \ g/m^3$
Dieselöl	$105 \ g/m^3$	$38 \ g/m^3$
Synthetisches Öl	$5000 \ g/m^3$	$3000 \ g/m^3$

Da auch andere Kohleverflüssigungsprodukte Phenol enthalten,
scheint eine höhere Toxizität typisch zu sein /6-47/.
Das Ausmaß einer Schädigung des biologischen Materials durch
Kontakt mit Kohleverflüssigungsprodukten ist derzeit nicht abzu-
schätzen, da Untersuchungen mit Rückständen, Abwässern,
Syncrudes, Aerosolen und Destillaten noch durchzuführen sind.

Spurenelemente

Als Spurenelemente werden solche bezeichnet, die mit weniger
als 1 % im Input enthalten sind. Diese müssen letztlich mit den

Produkten oder Nebenströmen den Prozeß wieder verlassen.
Bei einem Gehalt von 50 ppm in einem Input-Strom von
3,65 Mio t/a müssen 182,5 t/a in irgendeiner Form wieder auftreten.

Zum Input sind Kohle, Katalysator und zugesetzte Chemikalien zu
zählen. Zahlreiche Spurenelemente liegen mit Anteilen von
1-50 ppm in der Kohle vor.

Begleitstoffe können mit 1 % oder mehr in der Kohle enthalten
sein. Spurenelemente können chemisch in den organischen Sub-
stanzanteilen gebunden sein, wie z.B. Beryllium, Bor, Gallium,
Germanium, Nickel, Vanadium.

Neben der Kohle, kann auch der Katalysator Verunreinigungen enthalten. Eine typische Zusammensetzung von Bayermasse ist /6-28/

$$
\begin{array}{lll}
Fe_2O_3 & : & 35 \ \% \ \text{Gew.} \\
TiO_2 & : & 10 \quad " \\
SiO_2 & : & 15 \quad " \\
Al_2O_3 & : & 25 \quad " \\
CaO & : & 7 \quad " \\
Na_2O & : & 8 \quad " \\
\end{array}
$$

Zugesetzt werden ferner Na_2S, $FeSO_4$, Chromatzusätze, Arsenate
bei der Sauergasbehandlung sowie metallhaltige Katalysatoren
bei der Abgasnachbehandlung.

Hinsichtlich des Verbleibens der Spurenelemente sind auf der
Output-Seite folgende Ströme zu beachten.

Rückstand

Da bei der Kohleverbrennung und Vergasung fast ausschließlich
unter oxydierenden Voraussetzungen gearbeitet wird, tendieren
viele Spurenelemente dazu, sich als Oxide in den oxydischen
Hauptanteilen SiO_2, Al_2O_3, Fe_2O_3 und CaO zu lösen und in die
Asche eingebunden zu werden.

158

Bei den reduzierenden Bedingungen der Kohleverflüssigung kann
dieser Sachverhalt nicht angenommen werden, da sich hierbei
Hydride, Karbonyle und Sulfide bilden, die sich bei höherer
Flüchtigkeit stärker auf die Gas- und Flüssigprodukte vertei-
len. Es ist jedoch anzunehmen, daß die schweren Elemente beim
Rückstand verbleiben.

Schwefel

In Abhängigkeit der Aufarbeitungsintensität kann der Schwefel
Spurenelemente enthalten.
Für Al, Ca, Cu, Fe, Pb, P, K, Si, Na, V, Zn wurden Werte über
1 ppm festgestellt /6-33/.

Flüssigprodukte

Der Gehalt an Spurenelementen in den Flüssigprodukten hängt
wesentlich von den Prozeßbedingungen, sowie vom Siedepunkt des
Produktes ab. Über Sekundärreaktionen mit z.B. Schwefel,
Phenolen, Ammoniak etc. kann ein Teil der flüchtigen Spuren-
elemente in die Flüssigprodukte bzw. in die Abwässer gelangen.
Je höhersiedend das Produkt ist, um so stärker ist im
allgemeinen das Auftreten von metallischen Spurenelementen wie
Be, Co, Cu, Pb, V, Ni.
Sollten die Produkte einer direkten Verbrennung zugeführt
werden, so werden diese Spurenelemente zum Folgeproblem.

Abgase

Aus der Kohle sowie aus dem Katalysator können über die Bildung
flüchtiger Produkte wie Hydride, Carbonyle und Sulfide Spurenelemente in die Abgase gelangen /6-34/.

Abwässer

Über Sekundärreaktionen kann ein Teil der mit der Kohle und dem
Katalysator in den Prozeß eingetragenen Spurenelemente gelöst
werden und in die Prozeß- sowie Abwässer gelangen. Hierzu
zählen u.a. As, Cd, F, Sb, Se, Zn.

In einigen Fällen wurden in den Sauerwäschen nur geringe Metall-
gehalte, aber ein hoher Gehalt an Bor festgestellt. Bei der
Rückführung von Sauerwässern in den Prozeß können sich Spurenelemente über die Zeit erheblich anreichern und müssen ggf. entfernt werden /6-35/.

6.8.2 <u>Kohlevergasung</u>

<u>Umweltbereich Luft</u>

Bezüglich allgemeiner Betrachtungen gilt auch das bei der Kohleverflüssigung ausgesagte.

Aus dem Schwefel der Kohle bilden sich Verbindungen wie H_2S,
COS, CS_2. Die Mengenverhältnisse ergeben sich als Funktion der
verschiedenen Prozeßparameter.
Neben den genannten Hauptkomponenten bilden sich aus den
Elementen der Kohle und der Vergasungsmittel NH_3, HCN, HCL, HF
sowie organische Metallverbindungen wie Carbonyle, Sulfide usw.
Bei den niedrigen Temperaturen der Festbettvergasung erfolgt
keine Totalvergasung, so daß sich noch kondensierbare Anteile
wie Teere, Phenole, Aromaten im Gas befinden.
Entsprechend der theoretischen Grundlagen fällt der Anteil von
NH_3 und HCN im Vergasungsgas mit steigender Temperatur und steigendem Wasser/Kohleverhältnis.
Der Vergasung geht immer ein Entgasungsschritt voraus, der die
"Flüchtigen" der Kohle freisetzt, wodurch eine gewisse Analogie
zur Verkokung gegeben ist. Aus diesen Zusammenhängen ist zu
schließen, daß sich im Entgasungsgas neben den bekannten Bestandteilen auch N-Verbindungen wie NH_3, HCN, NO befinden.

Durch Ausschleusung und Umschlag von Vergasungsrückständen
sowie durch kohlebefeuerte Dampferzeugung sind Staubemissionen
zu erwarten. Die Abfackelung von staubhaltigen Roh- und Restgasen bedingt ebenfalls einen Staubaustrag.
Ebenso wie bei der Kohlehydrierung entstehen in Teilanlagen der
Vergasung (Mahlung, Dampfversorgung, Restgas aus Clausanlagen,

Fackelanlagen) Rauchgase, die in geringen Mengen auch Fluoride,
Chloride oder ähnliches enthalten. Des weiteren ist bei gas-
befeuerten Anlagen mit Kohlenmonoxid und Kohlenwasserstoffen in
den Rauchgasen zu rechnen.

Emissionen aus der Ausdampfung und den Driftverlusten aus
Rückkühlanlagen für Kühlwasser sind nur dann zu erwarten, wenn
die Wasserdampfverluste mit Schadstoffen verunreinigt sind. Zu
beachten sind jedoch die hohen Wasserverluste. Verluste aus Umschlag und Lagerung von Produkten sind ebenso wie Leckageve r-
luste aus Rohrleitungssysteme für Gase unter Druck unvermeidbar. Ein gewisser Teil der Restgase wird nicht zur Unter-
feuerung genutzt und muß deshalb nachverbrannt oder abgefackelt
werden.

Umweltbereich Wasser

Grundsätzlich fallen Abwässer aus der Rauchgasentschwefelungsanlage, der Rectisolanlage und der Phenosolanlage an.
Nach /6-9/ enthält das Abwasser aus der Phenosolanlage nach dem
Lurgi-Verfahren bei einem Mengenstrom von 69,3 t/TJ Input
folgende Komponenten:

CO_2	31 000	ppm	=	2148 kg/TJ Input
Halogenc	450	"	=	31,2 "
Fettsäuren	1 800	"	=	124,7 "
H_2S	350	"	=	24,3 "
HCN	100	"	=	6,9 "
Phenole	580	"	=	40,2 "
NH_3	1 400	"	=	97,0 "
Öl	Spuren	"	=	– "
NaOH	350	"	=	24,3 "
Lösungsmittel	40	"	=	2,8 "

Für die Abwässer einer Koppers-Totzek-Anlage werden folgende
Werte erwartet /6-52/.

Abwassermenge	95,8	m^3/TJ Input
pH - Wert	8,7	
BOD	0,383	kg/TJ Input
COD	0,383	"
TOC	0,479	"
NH_3	316	"
CN	0,019	"
SCN	0,172	"
H_2S	0,09	"
SO_4	69,9	"

Inwieweit sich diese Werte in einer Großanlage realisieren
lassen, bleibt abzuwarten.

Demgegenüber ist das Abwasser aus der Rauchgasentschwefelungsanlage vergleichsweise unbedeutend. Es enthält vorwiegend Salze
aus dem Waschkreislauf. Es ist damit zu rechnen, daß weitere
toxische Stoffe, etwa Metalle oder Metallverbindungen, sowohl
im Abwasser der Rauchgasentschwefelungsanlage als auch in den
übrigen Abwässern der Produktaufbereitung auftreten können.

Umweltbereich Boden

In mehreren Anlagenbereichen fallen größere Mengen zu deponie-
rende Abfallstoffe an

- im Dampferzeuger
- in der Vergasung
- im Incinerator
- in der Rauchgasentschwefelung
- im Staubabscheider

Eine abschließende Beurteilung der Deponiefähigkeit, der aus den
Reaktoren, Staubabscheidern und anderen Separatoren anfallenden
festen Rückstände, ist noch nicht möglich.

6.9 Technische Möglichkeiten zur Verminderung der Emissionen

- Kohlenumschlag, Kohlenvorbereitung

Der Staubemission bei Lagerung und Transport kann man begegnen, indem die Lagerung der Kohle in Bunkern erfolgt bzw. die Transportbänder gekapselt werden. Die bei Anlieferung und Transport entstehenden Kohlenstaubemissionen können dann abgesaugt und einer Entstaubungsanlage zugeführt werden. Die Kohlenvorbereitungsanlage sollte soweit wie möglich als geschlossenes System ausgelegt und mit einer Entstaubungsanlage verbunden sein. Um den Rauchgasemissionen bei der Nachtrocknung zu begegnen sollte soweit technisch möglich der Naßmahlung der Vorzug gegeben werden.

- Zentrale Dampf- und Energieerzeugung

Die Emissionsminderungsmöglichkeiten bei feuerungstechnischen Anlagen können in primäre und sekundäre Maßnahmen unterschieden werden.
Primäre Maßnahmen zur Senkung der Schadstoffemissionen sind gegeben in Maßnahmen auf der Brennstoffseite, hier hauptsächlich in der Brennstoffentschwefelung, ferner in entsprechende Maßnahmen bei Kesselkonstruktion und Reaktionsführung (z.B. Rauchgasrückführung, Mehrstufenverbrennung, Änderung des Luftüberschußfaktors, Temperaturverteilung im Feuerraum). Auf diesem Wege können jedoch nur einige der Schadstoffemissionen (z.B. SO_2, NO_x, CO, C_mH_n, PAH) und diese auch nur teilweise vermindert werden, so daß sich die Notwendigkeit von weiteren sekundären Maßnahmen ergeben kann. Unter Sekundärmaßnahmen versteht man hierbei Technologien zur Rauchgasreinigung. Großtechnisch werden in der Bundesrepublik Deutschland Technologien zur Staubabscheidung sowie zur Rauchgasentschwefelung eingesetzt. Der Einsatz von Technologien zur Abscheidung von NO_x bzw. zur simultanen Abscheidung von SO_2 und NO_x /6-48/ ist möglich.

- Kohleumwandlungsanlagen

Die Emissionen bei der Beschickung können wirksam vermindert werden, wenn der Naßmahlung der Vorzug gegeben wird oder falls dies nicht möglich ist, die Schleusenentspannungsgase rezirkuliert werden.

Die durch die Schlackenaustragung hervorgerufenen Emissionen können verhindert werden, wenn das Schlackenaustragesystem als geschlossenes, mit indirekter Kühlung ausgestattetes System ausgeführt wird und soweit staubhaltige Abgase entstehen, diese abgesaugt und entstaubt werden.

- Produktaufbereitungsanlagen
Wesentliche Verbesserungen über die bei den verschiedenen Verfahren konzipierten Umweltschutzmaßnahmen hinaus sind noch an mehreren Punkten der Anlagen möglich.

  - Weitergehende Absaugung der Schleusengase
  - Einbezug der Incinerator-Abgase in die Rauchgase des
    Dampferzeugers vor der Rauchgasreinigung
  - Einsatz von Verfahren zur Simultanabscheidung von
    SO_2 und NO_x anstelle der Entschwefelungsanlage
  - Reinigung der Abluft aus der Abwasserreinigungsanlage
    durch Adsorptionsanlagen

- Produktlagerung und Transport
Im Hinblick auf das vermehrte Auftreten von aromatischen Verbindungen sollten die schon bekannten Maßnahmen zur Emissionsminderung bei diffusen Emissionen /6-49, 6-50, 6-51/ verstärkt Eingang finden.
Diese können sein:

    - Einsatz von Schwimmdachtanks
    - Verwendung von Pendelleitungen bei Befüllungen
    - Einsatz von hochdichtenden Elementen
    - geringe Anzahl von Flanschverbindungen
    - vorbeugende Wartung

- Lärm /6-37/
Bei einer Lärmbekämpfungstechnik über den Stand der Technik hinaus erreicht man im Abstand vom Schallmittelpunkt

1100 m	40 dB(A)
1600 m	35 dB(A)

Technische Verminderungsmöglichkeiten über den Stand der Lärmbekämpfungstechnik hinaus sind gegeben durch:

- Vermehrter Einsatz von geräuscharmen Regelventil-Konstruk-
  tionen;
- Entwicklung einer verbesserten schalldämmenden Ummantelung
  für an Kreiselpumpen angeschlossene Rohrleitungen (das
  Schallspektrum der Geräuche von Pumpenleitungen ist tief-
  frequenter als das von Rohrleitungen, die an Ventilen
  angeschlossen sind).
- Verwendung drehzahlgeregelter Antriebe für Pumpen,
  Verdichter, Gebläse. Hierdurch wird bei reduzierter Dreh-
  zahl die Schallabstrahlung der Maschinen und der ange-
  schlossenen Rohrleitungen verringert. Außerdem können unter
  Umständen Regelventile entfallen.
- Verwendung drehzahlgeregelter Antriebe für die Luftkühler-
  Ventilatoren. Da nachts wegen der niedrigeren Lufttempera-
  turen immer eine geringere Kühlleistung benötigt wird als
  tags, kann hierdurch die Schallabstrahlung während der
  Nachtzeit deutlich reduziert werden.
- Bei den Prozeßöfen Kombination einer schalltechnisch
  günstigen Konstruktion für die Ofenwände mit schalltechnisch günstigen Brennertypen.
- Vermehrter Einsatz von Einhausung bzw. geschlossener
  Kapselung. Dies ist insbesondere wichtig für Gebläse,
  Pumpen und Verdichter einschließlich Antrieben. Pumpen
  ab ca. 150 bis 200 kW Antriebsleistung und alle Gasver-
  dichter außer für Wasserstoff sollten gekapselt oder
  eingehaust werden. Bei Wasserstoffverdichtern ist vermutlich aus Sicherheitsgründen nur eine halboffene Bauweise des Maschinenhauses möglich. Decken und Wände von
  Maschinenhäusern müssen mit Absorptionsmaterial versehen
  werden. Zu- und Abluftöffnungen müssen mit Schalldämpfern
  versehen werden.

6.10 Daten

Aus der Beschreibung der einzelnen Veredlungsverfahren wird
deutlich, daß diese Anlagen aus zahlreichen Teilanlagen zu-
sammengesetzt sind, die in unterschiedlichem Ausmaß zur Gesamtemission beitragen.

Ein Vergleich neuerer Studien /6-28, 6-36, 6-37, 6-38, 6-4/
zeigt, daß die Emissionen hauptsächlich durch die Dampferzeugung verursacht wird. Daher liegt es nahe, die Emissionen
dieser Teilanlagen gesondert darzustellen.

Um das tatsächliche Emissionspotential der angesprochenen Technologien abschätzen zu können, sind die Systemgrenzen der Ge-
samtanlagen so zu wählen, daß sie als energetisch autark anzusehen sind.

Sämtliche energetischen Input-Ströme, bzw. der für deren Erzeugung nötige Aufwand an Primärenergie sind somit zu berücksichtigen.

Die Umrechnung der einzelnen Energieströme auf Primärenergie
erfolgt unter der Annahme

- Therm. Kraftwerkwirkungsgrad   38 %
- elektrischer Energiebedarf für O_2-Erzeugung und
  O_2-Kompression: 0,7 kWh/Nm^3O_2 /6-41/
- Heizwert Steinkohle: 7000 kcal/kg

Der Strombedarf einzelner Teilanlagen beläuft sich auf
1. Rectisolanlage: 40 kWh pro 1000 Nm^3 Reingas /6-42/
2. Phenosolanlage: 2 kWh pro m^3 Abwasser   /6-43/
3. Methanolsynthese: 20 kWh pro 1000 Nm^3 Synthesegas /6-39/
4. Methanisierung: 6,7 kWh pro 1000 Nm^3 Synthesegas /6-39/

Unter Berücksichtigung der in /6-28/ angegebenen Produktausbeu-
te an Synthesegas, SNG und Methanol sowie der in /6-39, 6-40/
angegebenen Massenströmen, ergeben sich sich folgende Primär-
energieaufwendungen zur Energiebereitstellung durch den Dampferzeuger:

Verflüssigung:		11 %	
LURGI	:	24 %	bezogen auf eingesetzte Kohlenmenge
HTW	:	15 %	"
TEXACO	:	22 %	"
SHELL	:	17 %	"

Es wurde dabei unterstellt, daß die Verfahren mit Ausnahme des Lurgi-Verfahrens dampfautark sind. Letzteres benötigt für die

Vergasung von 1000 kg Kohle (waf)
1840 kg H_2O_D, 27 bar, 500 °C   /6-39/

Mit den oben angegebenen Prozentsätzen sowie den in Kapitel 5 ermittelten Emissionsfaktoren für neue Steinkohlenkraftwerke können die auf die Energiebereitstellung entfallenden Emissionen errechnet werden. Die Angaben für Leckage-Emissionen basieren auf Abschätzungen nach /6-44/, wobei für alle Verfahren die gleiche Anzahl von Flanschen, Armaturen etc. angenommen ist

Staub-Emissionen werden in Vergasungs- wie auch in Verflüssigungsanlagen durch

- den Dampferzeuger
- die Kohlevorbereitung
- die Lagerung und den Umschlag von Rückständen
- die Lagerung und den Umschlag der Einsatzkohle

hervorgerufen. Berechnungsgrundlagen für die Staubemissionen durch Lagerung und Umschlag sind in Tabelle 6-1 gegeben.

Tab. 6-3: Emissionskennzahlen für die Berechnung der Staubemission /6-36/

Emissionszeit bei Windgeschwindigkeit 4 m/S	H_1	2690 h/a
Emissionsfaktor	E_1	0,2-0,4 g/m^2-h
Emissionszeit der Umschlaganlage bei Windgeschwindigkeit 75 m/s	H_2	1568 h/a
Emissionsfaktor	E_2	50-200 g/t Asche

Entsprechend /6-27/ können für Zeiten mit Regen und hoher Luft-
und Bodenfeuchte ca. 1000 h/a der Jahresstunden angesetzt
werden. Es sei angenommen, daß diese Zeiten über den verschiedenen Windgeschwindigkeiten gleichverteilt sind.

Der Staubauswurf der Dampferzeugungsanlage wird gesondert aus-
gewiesen (vgl. Kapitel 5.2.4).
Anfallende Staubmengen in der Kohlevorbereitung (nicht Dampferzeuger) basieren auf Daten von /6-28/.
Die Berechnung der Staubemission durch Lagerung und Umschlag erfolgt nach

- Lagerung

$$E_{St,L} = E_1 \times \text{Lagerfläche} \times H_1 \qquad [t/a]$$

- Umschlag

$$E_{St,U} = E_2 \times \text{Umschlag} \times 0{,}754^{-1} \qquad [t/a]$$

Die Angaben über Lagerfläche bzw. Umschlagmenge sind aus
/6-36, 6-28/ entnommen.

Die errechneten Emissionsdaten sind in Tab. 6-2, 6-3, 6-4 zu-
sammengestellt.
Nicht berücksichtigt wurden Emissionen durch

- Ausdampfungen aus den Kühltürmen
- Lagerung und Umschlag von Produkten und Nebenprodukten
- offene Anlagen der Wasseraufbereitung
- in die Umwelt gelangende Wässer
- Prozeßrückstände

Tab. 6-4 Emissionsfaktoren von Kohleveredelungsanlagen

Minimale u. maximale Emissionsfaktoren kg/TJ

Verfahren	G-Staub	Pb	Cd	Hg	SO_2	NO_x	CO_2
LURGI	4,73–21,5	$3,2 \cdot 10^{-3} - 1,5 \cdot 10^{-2}$	$1,2 \cdot 10^{-4} - 5,3 \cdot 10^{-4}$	$0,6 \cdot 10^{-4} - 2,7 \cdot 10^{-4}$	14,4–79,7	21,3–68	$2,6 \cdot 10^{4} - 6,6 \cdot 10^{4}$
HTW	~20,5	$1,5 \cdot 10^{-3}$	$1,2 \cdot 10^{-3}$	$1,5 \cdot 10^{-3}$	44,7	44,5	$1,4 \cdot 10^{4}$
Texaco	1,35–15,5	$9,2 \cdot 10^{-4} - 1 \cdot 10^{-2}$	$3,3 \cdot 10^{-5} - 3,8 \cdot 10^{-4}$	$1,7 \cdot 10^{-5} - 1,9 \cdot 10^{-4}$	28,1–115	33,3–59,1	$2,37 \cdot 10^{4} - 6,8 \cdot 10^{4}$
SHELL	12,4	$8.5 \cdot 10^{-3}$	$0,23 \cdot 10^{-3}$	$3,5 \cdot 10^{-3}$	53,5	45,6	$1,8 \cdot 10^{4}$
Hydrierung	1,36–11,9	$0,7 \cdot 10^{-3} - 6,7 \cdot 10^{-3}$	$1,5 \cdot 10^{-5} - 0,13 \cdot 10^{-3}$	$2,29 \cdot 10^{-7} - 2 \cdot 10^{-6}$	16,47–73,5	14,5–56,6	$1,5 \cdot 10^{4} - 5,9 \cdot 10^{4}$

Minimale u. maximale Emissionsfaktoren kg/TJ

Verfahren	CO	CnHm	H_2S	Rückstand	Abwasser
LURGI	3,55–66,8	$4,1 \cdot 10^{-3} - 14,9$	0,01–1,36	$3,9 \cdot 10^{3} - 21 \cdot 10^{3}$	$7,1 \cdot 10^{4} - 7,7 \cdot 10^{4}$
HTW	+155,8	89,3	2,5	$3,6 \cdot 10^{3}$	$2,9 \cdot 10^{4}$
Texaco	2,35–7,23	$4,1 \cdot 10^{-3} - 49,7$	$9 \cdot 10^{-3} - 0,2$	$122 - 9,8 \cdot 10^{3}$	$13,7 \cdot 10^{3}$
SHELL	+91,3	57,9	0,12	$6,7 \cdot 10^{3}$	$15 \cdot 10^{3}$
Hydrierung	0,6–9,61	35,5	0,13–0,16	$3,53 \cdot 10^{3} - 15,2 \cdot 10^{3}$	$4,7 \cdot 10^{3} - 5,58 \cdot 10^{3}$

+ CO – in Restgasen

Nach Angaben der Rheinischen Braunkohlenwerke AG: HTW/H_2S:0,15

Tab. 6-5 Kohlenwasserstoffemissionen von Vergasungsanlagen

Kohlenwasserstoffemissionen über Dichtelemente bei der Vergasung

Emissions-Quelle	Flansche	Armaturen	Gebläse
Rohrleitungen	1000	–	20
Wärmetauscher	400	300	–
Konvertierung	800	300	10
Heißpottaschewäsche	400	200	5
Methanisierung	800	300	10
Tieftem.zerlegung	800	400	22
Vergaser	400	200	–
Summe	4600	1700	67
Gesamtemission:	37,8 – 378 (t/a)		

Tab. 6-6   Kohlenwasserstoffemissionen von Kohlehydrieranlagen

Kohlenwasserstoffemissionen über Dichtelemente bei der Kohlehydrierung

	Flansch(gas)	Flansch(Gl)	Armaturen	Pumpen	Ventile	Kompressoren
Kohlehydrierreaktor	300	1000	500	20	15	2
Hydrotreating	300	200	300	14	10	2
Hydrocracking	200	300	250	4	6	–
Spaltanlage	200	400	250	–	–	–
Reforming	200	100	100	3	3	1
Benzinreinigung	400	100	350	10	10	1
Gasverdichter	–	–	350	–	10	16
Vergasungsanlage	4600	–	1700	67	–	–
Summe	6200	2100	3800	118	54	22

Gesamtemission: 88,7 - 894 (t/a)

7 Schlußfolgerungen

Die vorangehenden Ausführungen machen deutlich, daß jede Form
der Nutzung des Primärenergieträgers Kohle mit einer Umweltbeeinträchtigung verbunden ist. Dies gilt im übrigen auch für die
Nutzung der anderen fossilen Primärenergieträger. Zu den wichtigsten Schadstoffen, weil in großen   Mengen anfallend, gehören zweifellos SO_2, NO_x und im Zusammenhang mit möglichen
Klimaauswirkungen CO_2.

Die Emissionsprobleme der untertägigen Steinkohlengewinnung
liegen nicht bei der Kohlenförderung, sondern bei den Aufbereitungsanlagen und in der Beseitigung sowohl der salzhaltigen
Grubenabwässer als auch der anfallenden Waschberge.

Die Umweltauswirkungen beim Braunkohlentagebau entstehen beim
Abbau durch große Schaufelradbagger sowie beim Transport über
kilometerlange Förderbandstrecken. Es kommt zu Staub- und
Lärmentwicklungen, die durch geeignete Maßnahmen eingedämmt
werden können. Das Abpumpen des Grundwassers führt zu einer
weitreichenden Absenkung des Grundwasserspiegels und den damit
verbundenen Folgen wie etwa Bodenabsenkungen.

Die von Kohlenumwandlungsbetrieben wie etwa Kokereien oder
Brikettfabriken ausgehenden Umweltbelastungen erfolgen in Form
von Stäuben, organischen Gasen, teerhaltigen und staubhaltigen
Dämpfen sowie mit toxischen Substanzen belasteten Abwässern.

Als problematisch sind die geruchsintensiven Emissionen sowie
die Emission von kanzerogenen Schadstoffen anzusehen. Die zu
ergreifenden Umweltschutzmaßnahmen zielen darauf ab Staub-,
Gas- und Dampfemissionen zu verringern, indem zu einen bei

bestehenden Anlagen eine Absaugeeinrichtung oder eine Überdachung des Kokslöschbereiches mit nachgeschalteten Filterein-
richtungen vorgesehen wird oder zum anderen durch den Übergang
auf andere Verfahren (Formkoksverfahren, Kokstrockenkühlung).

Obwohl die Anlagen zur Strom- und Wärmeerzeugung fortwährend
weiterentwickelt und verbessert werden, stellen sie noch immer
erhebliche Emissionsquellen dar. Im wesentlichen sind zu nen-
nen:
- Staub
- Schwermetalle und Schwermetallverbindungen
  sowie Cadmium und Thallium als Bestandteile des
  Staubniederschlages bzw. des Schwebstaubes
- Halogene
- Schwefeldioxid
- Stickoxide
- kanzerogene bzw. krebserregende Stoffe.

Daneben sind die mit Rückständen verbundenen Deponieprobleme
(Grundwasser, Haldenabtrag) zu beachten.

Verbesserungen bzw. Verringerungen der SO_2-Emissionen werden in
Zukunft durch den Einsatz von Entschwefelungsanlagen bei neuen
wie auch alten Stromerzeugungsanlagen erreicht werden. Alterna-
tiv hierzu sind neuere Verbrennungstechniken (Wirbelschichtfeuerung, Kombiprozesse bzw. bei Braunkohlenkraftwerke das Trocken-
additivverfahren) möglich.

Mit zunehmender Entschwefelungskapazität ist den aus den Rauchgasentschwefelungsanlagen anfallenden Produkten verstärkte
Aufmerksamkeit zu schenken. Um Deponieprobleme zu vermeiden,
sollten diese Produkte einer Wiederverwendung zugeführt werden
können.

Eine teilweise Reduzierung der Stickoxidemissionen ist durch
feuerungstechnische Maßnahmen gegeben. Eine weitergehende Möglichkeit der Emissionsminderung besteht in der Rauchgasent-
stickung.

Staubemissionen im Kraftwerksbereich sind stark rückläufig. Die
weitere Entwicklung wird gezielt auf Verbesserungen im Feinstaubbereich gerichtet sein. Ein besonderes Anwendungspotential
dürfte hier der filternde Abscheider finden, mit denen bei
relativ geringem Aufwand Reingaskonzentrationen von wenigen
mg/m^3 erreicht werden können.

Die aus Kohleveredlungsanlagen in die Umwelt emittierten
Schadstoffkomponenten sind Staub, NO_x, SO_2, CO, Chloride,
Fluoride, H_2S, COS, NH_3, HCN, C_mH_n.

Zuverlässige und in sich schlüssige Emissionsdaten sind nicht
verfügbar. Durch Meßreihen belegbare Aussagen über

- Nebenbestandteile in Vergasungsrückständen, in
  Rauch- und Fackelabgasen sowie in ausgeschleusten,
  hoch kohledioxidhaltigen Restgasen
- Auslaugungen aus Rückständen
- Intensität des bakteriellen Abbaus der Abwasser-
  aufbereitung

liegen nicht vor.

Insgesamt muß festgestellt werden, daß die vorliegenden
Emissionsfaktoren lediglich abschätzbaren Charakter besitzen.
Belastbare Ergebnisse sind erst zu erwarten, wenn die Schad-
stoffbelastung einzelner Massenströme nach einem verbindlichen
Schema zuverlässig gemessen werden.

Neben dem Entwicklungsziel der Wirtschaftlichkeit von Kohlever-
edlungstechnologien, sollte daher in einer möglichst frühen
Phase (Pilotanlage) versucht werden, die möglichen Emissionen
analytisch zu erfassen, um das Emissionspotential von Großanlagen genau abschätzen zu können.

Bei allen Kohlennutzungsmöglichkeiten ist das Emissionspotential hoch. In gleichem Maße stehen diesem Potential Emissionsminderungsmöglichkeiten gegenüber, so daß auch aus umweltpoliti-

174

scher Sicht ein versorgungspolitisch wünschbarer verstärkter
Einsatz heimischer Kohle tragbar ist. Hierbei wird es darauf
ankommen, bei jeder Nutzung der Kohle konsequent die technisch
möglichen Minderungsmaßnahmen einzusetzen.

Die hiermit verbundenen Kostensteigerungen müssen im Interesse
einer intakten Umwelt aufgebracht werden. In Anbetracht jüngster Ereignisse (Waldschäden) sollte zukünftig auf die kostenmäßig günstigste Entsorgungsalternative (hohe Kamine) verzichtet werden. Ebenso sollte in der Immissionsschutzgesetzgebung
auf Ausnahmeregelungen verzichtet werden, da durch diese Entlastung auf der Emissionsseite Kostenvorteile (versteckte
Subvention) gegenüber den emissionsärmeren Technologien entstehen. So ist es beispielsweise nicht sinnvoll für die Emis-
sionsgrenzwerte der Heiz- bzw. Heizkraftwerke Ausnahmeregelungen zu fordern, weil ein Einsatz der relativ teuren Fernwärme nur dann gerechtfertigt erscheint, wenn damit zugleich
auch andere Ziele wie Rationelle Energieverwendung und geringe
Umweltbelastung erreicht werden.

8 Literaturverzeichnis

/1-1/   The British Petroleum Company p.l.c., BP Statistical
         Review of World Energy 1981

/1-2/   Esso AG Hamburg, Energistik 1981

/1-3/   Weltbank, Weltentwicklungsbericht 1981, Washington,
         D.C. August 1981

/1-4/   Council on Environmental Quality and US-Foreign
         Office, The Global 2000 Report to the President,
         Washington, U.S. Government Printing Office, 1980

/1-5/   Bundesanstalt für Geowissenschaften und Rohstoffe,
         Survey of Energy Resources 1980, 11. WEK 1980

/1-6/   Statistik der Kohlenwirtschaft e.V., Zahlen zur
         Kohlenwirtschaft, Heft Nr. 122, Juni 1982, Essen und
         Köln

/1-7/   Schulze, J., Schmidt, B.
         Kohlebedarf bei der Substitution der Petrochemie durch
         Kohlechemie, Chemische Industrie 33 (1981), Oktober,
         S. 623

/1-8/   Nürnberg, H.W. u.a.
         Ein neuer Weg zur Messung toxischer Metalle im Regen.
         Jahresbericht 78/79, Kernforschungsanlage Jülich

/1-9/   Schärer, B. u.a.
         Luftverschmutzung durch Schwefeldioxid

176

            - Ursachen, Wirkungen, Minderung -
            Umweltbundesamt, Berlin, 1980

/1-10/ Zweiter Immissionsschutzbericht der Bundesregierung
       Drucksache 9/1458, 12.3.1982

/1-11/ Bolin (Ed.)
       The Global Carbon Cycle
       Wiley & Sons, 1979

/1-12/ Keeling, C.D., Bacastow, R.B.
       Impact of industrial gases on climate in:
       Energy and Climate, NAS, Washington, 1977

/1-13/ Rotty, R.M.
       Energy demand and global Climate change
       in: Bach, W. et al. (edo), Man's Impact on
       Climate
       Elsevier Publ. Co., Amsterdam, 1979

/1-14/ Flohn, H.
       Das CO_2-Problem und die Zukunft unseres Klimas
       Glückauf 117 (1981), Nr. 7, S. 1123

/1-15/ Bach, W.
       Untersuchung der Beeinflussung des Klimas
       durch anthropogene Faktoren.
       aus: Münstersche Geographische Arbeiten, Bd. 6
       Paderborn, Ferdinand Schöningh, 1980

/1-16/ Berner, W.
       Die Auswirkungen von CO_2-Emissionen auf das Klima
       Bericht für das Umweltbundesamt, Berlin,
       April 1981, BF-R-63818-1

/1-17/ Saurer Regen und Forstschaden
       Eine Dokumentation des Gesamtverbandes des Deutschen
       Steinkohlenbergbaus, Februar 1982

/1-18/   Immissionsbelastungen von Waldökosystemen
          Landesanstalt für Ökologie, Landschaftsentwicklung
          und Forstplanung Nordrhein-Westfalen, Frühjahr 1982

/1-19/   Biehl, H.M., Führ, F., Huber, W., Papke, H.
          Symposium "Saurer Regen - Waldschäden"
          - Zusammenfassender Bericht -
          Kernforschungsanlage Jülich, Mai 1983
          (in Vorbereitung)

/1-20/   Allgemeine Abwärmeprobleme bei Wärmekraftwerken
          - Stellungnahme der Arbeitsgruppen
          Die Abwärmekommission, Geschäftsstelle beim Umwelt-
          bundesamt,
          Berlin, Februar 1978

/1-21/   Knöpp, H.
          Biologisch - chemische Probleme der Abwärmebelastung
          unserer Gewässer
          VDI-Bericht Nr. 204, 1973

/1-22/   Böhnke, B.
          Minderung der Folgen der Wärmebelastung durch Sauer-
          stoffeintrag
          VDI-Bericht Nr. 204, 1973

/1-23/   Caspar, J.W.
          Meteorologische Auswirkungen von Kühlvorgängen
          VDI-Bericht Nr. 204, 1973

/1-24/   Fortak, H.
          Beeinflussung des Lokalklimas durch große Energie-
          erzeugungs- und Verbraucherzentren
          Vorhaben Meteorologisches Simulationsmodell
          Oberrheingebiet im Auftrag des Umweltbundesamtes
          Vorhabensbericht Nr. 7, Juni 1977

178

/1-25/   Faust, R.
          Wirkung von Naßkühltürmen auf Wetter und Klima
          IRS-Fachgespräch 1976. Neuere Entwicklungen im
          radiologischen Umweltschutz von kerntechnischen
          Anlagen
          Köln, Oktober 1976

/1-26/   Sauer, E.
          Abwärmeprobleme bei Kraftwerken
          - Kühlsysteme, Kosten, Umweltaspekte und
          Abwärmenutzung -
          Berichte der Kernforschungsanlage Jülich, Nr. 1255
          Programmgruppe Systemforschung und Technologische
          Entwicklung, Dez. 1975

/2-1/   World Energy Conference
          Survey of Energy Resources 1980
          For 11th World Energy Conference, Munich 8-12 Sept.
          1980

/2-2/   Rohstoff Kohle
          Eigenschaften - Gewinnung - Veredelung
          Verlag Chemie
          Weinheim, New York 1978

/2-3/   Wilczynski, P., Scholle, H.
          Aufbereit. Techn. Nr. 6, S. 275-281, (1975)

/2-4/   VDI-Richtlinie 2293
          Auswurfbegrenzung - Aufbereitungsanlagen für
          Steinkohle
          Entwurf v. Dez. 1975

/2-5/   Energie und Umwelt
          Sondergutachten des Rates von Sachverständigen für
          Umweltfragen
          März 1981

/2-6/   Eisenhut, W.
          Diffuse Quellen in übertägigen Anlagen des Bergbaus
          und in Kokereien
          VDI-Bericht 339

/2-7/   Schade, H., Gliwa, H.
          Die Feststoffemissionen in der Bundesrepublik
          Deutschland und im Landes Nordrhein-Westfalen in den
          Jahren 1965, 1970, 1973, 1974
          Materialien zur Umweltforschung herausgegeben vom Rat
          der Sachverständigen für Umweltfragen, Mai 1978

/2-8/   Haury, G., Schikarski, W., Thöne, E.
          Zusammenstellung der in der Bundesrepublik Deutschland
          durch die Erzeugung und den Verbrauch von Energie be-
          dingten Auswirkungen auf die Umwelt und der
          legislativen und technischen Maßnahmen zu iher Ver-
          minderung
          Kernforschungszentrum Karlsruhe, KFK 2103 UF,
          Dez. 1974

/2-9/   Franke, H., Grothe, H.
          Bd. 4: Lexikon des Bergbaus, von Lueger: Lexikon
          der Technik. 4. Aufl., Deutsche Verlagsanstalt,
          Stuttgart 1962

/2-10/   Fritzsche, C.H.
          Lehrbuch der Bergbaukunde. 10. Aufl. Bd. 1 und 2
          Springer, Berlin-Göttingen-Heidelberg, 1961/62

/2-11/   Jahresberichte des Steinkohlenbergbauvereins
          1954-1975, Essen 1955-1976

/2-12/   Walbeck, M.
          Braunkohle. Die Situation der Braunkohleverwendung
          in der Bundesrepublik Deutschland.
          Kernforschungsanlage Jülich, Programmgruppe System-
          forschung und Technologische Entwicklung
          Interner Bericht KFA-STE-IB-7/76, Jülich, Nov. 1976

/3-1/   Gapp, J.
         Kokereitechnik - Probleme und Zielsetzungen.
         Aus der Vortragsreihe Kohletag Hannover 17.4.1980
         Krupp-Koppers GmbH, Essen, Moltkestr. 29

/3-2/   Trepte, L., Bankwitz, H.
         Rationelle Energieverwendung und -nutzung im Kokerei-
         wesen
         Forschungsbericht des BMFT, BMFT-FB T 77-72
         Dezember 1977

/3-3/   Rohstoff Kohle: Eigenschaften, Gewinnung, Veredelung
         Hrsg. F. Benthaus
         Verlag Chemie, Weinhaum 1978

/3-4/   Manz, A., Düwel, G., Krusche, D., Schulze, V.,
         Waltsgott, H.
         Möglichkeiten und Wirksamkeit technischer Maßnahmen
         zur Herabsetzung des Krebsrisikos bei Beschäftigten
         der Gasindustrie
         Forschungsbericht im Auftrag des BMFT
         Hamburger Gaswerke, Hamburg, April 1979

/3-5/   Güthner, G.
         Minderung diffuser Staubemissionen stationärer Anlagen
         Umwelt 2/80, April 1980, S. 261

/3-6/   Davids, P., Güthner, G.
         Die Bedeutung diffuser Emissionen für die Luftrein-
         haltung
         VDI-Berichte Nr. 339, 1979

/3-7/   Schugk, H.J., Bürstenbinder, J.
         Energy - Environment Datas
         Feasibility Study for a Project on the Development
         on an Environmental Residence Coeffient (Matrix for
         Energy Supply and Use
         Institut für Zukunftsforschung Berlin, Berlin 1977

/3-8/   Emissionskataster für die Bundesrepublik Deutschland,
          Bericht für das BMI
          Nukem GmbH, Hanau

/3-9/   Materialien zum Immissionsschutzbericht 1977
          der Bundesregierung an den Deutschen Bundestag,
          Umweltbundesamt
          Erich Schmidt Verlag, Berlin, 1977

/3-10/   Ullmann
          Technische Enzyklopädie 3. Aufl., Bd. 10, S. 548

/3-11/   Lenhardt, W., Schwefel, H.P., Sievert, D.
          Ein Energieversorgungsmodell zur Langfristprognose
          der Umwandlungskapazitäten
          Angewandte Systemanalyse Nr. 15, Jül-Spez-63,
          Dez. 1979
          Kernforschungsanlage Jülich

/3-12/   Fiedler, J.
          Möglichkeiten zur Verminderung der Geruchsbelästigung
          durch Kokereien.
          Glückauf 116 (1980) Nr. 13, S. 655

/3-13/   AUER-Technikum, 7. Ausgabe (Neudruck 1974)
          Hrsg. Auergesellschaft GmbH, Abt. WuS, Berlin 65

/3-14/   Typische geruchsbelästigende Substanzen im Umkreis
          von Mineralölbetrieben
          Deutsche Gesellschaft für Mineralölwissenschaft und
          Kohlechemie e.V. Hamburg, Forsch.-Ber. 25

/3-15/   Hermann, P., Simon, F.
          Gasförmige und geruchsbelästigende Schadstoffe
          in der Umgebung von Kokereien
          Staub 33 (1973) S. 327/332

182

/3-16/   Energie und Umwelt
            Sondergutachten des Rates von Sachverständigen für
            Umweltfragen
            März 1981

/3-17/   Schade, H., Gliwa, H.
            Die Feststoffemissionen in der Bundesrepublik
            Deutschland und im Lande Nordrhein-Westfalen in den
            Jahren 1965, 1970, 1973, 1974
            Materialien zur Umweltforschung herausgegeben vom Rat
            von Sachverständigen für Umweltfragen, Mai 1978

/3-18/   Wurm, H.J.
            Die Behandlung der Kokereiabwässer im rheinisch-west-
            fälischen Steinkohlenrevier
            Glückauf 112 (1976), Nr. 19

 /4-1/   Lenhardt, W., Schwefel, H.P., Sievert, D.
            Ein Energieversorgungsmodell zur Langfristprognose der
            Umwandlungskapazitäten
            Angewandte Systemanalyse Nr. 15
            Jül-Spez-63, Dez. 1979
            Kernforschungsanlage Jülich

 /4-2/   Schade, H., Gliwa, H.
            Die Feststoffemissionen in der Bundesrepublik
            Deutschland und im Lande Nordrhein-Westfalen in den
            Jahren 1965, 1970, 1973, 1974
            Materialien zur Umweltforschung. Hrsg. Rat von
            Sachverständigen für Umweltfragen
            Mai 1978

 /4-3/   Energie und Umwelt
            Sondergutachten des Raten von Sachverständigen für
            Umweltfragen
            März 1981

 /4-4/   VDI-Richtlinie 2294

/4-5/   TA-Luft
         Technische Anleitung zur Reinhaltung der Luft
         gem. Ministerialblatt Ausg. A, Nr. 24 v. 4.9.1974

/4-6/   Schugk, H.J., Bürstenbinder, J.
         Energy - Environment Datas
         - Feasibility Study for a Projection the Development
         on an Environmental Residual Coefficient (Matrix for
         Energy Supply and Use-Institut für Zukunftsforschung,
         Berlin, Berlin 1977

/5-1/   Strom-Energie für heute und morgen
         Hrsg. Kraftwerk Union AG, Mülheim a.d. Ruhr, 1977

/5-2/   Jahrbuch der Dampferzeugungstechnik
         4. Ausgabe 1980/81
         Vulkan Verlag, Essen 1980

/5-3/   Verwaltungsvorschrift zur Änderung der Ersten
         Allgemeinen Verwaltungsvorschrift zum Bundesimmissions-
         schutzgesetz
         (Technische Anleitung zur Reinhaltung der Luft - TA
         Luft)
         Referentenentwurf vom 10.9.1981

/5-4/   Allgemeine Verwaltungsvorschrift über genehmigungs-
         bedürftige Anlagen nach § 16 der Gewerbeordnung -
         GewO, Technische Anleitung zum Schutz gegen Lärm.
         Allgemeine Verwaltungsvorschrift der Bundesregierung
         vom 16. Juli1968, Bundesanzeiger Nr. 137 vom
         26. Juli 1968 (Beilage)

/5-5/   Energie und Umwelt
         Sondergutachten des Raten von Sachverständigen für
         Umweltfragen
         März 1981

/5-6/   Allgemeine Abwärmeprobleme bei Wärmekraftwerken
- Stellungnahme der Arbeitsgruppen
Die Abwärmekommission, Geschäftsstelle beim Umwelt-
bundesamt
Berlin, Februar 1978

/5-7/   Knöpp, H.
Biologisch - chemische Probleme der Abwärmebelastung
unserer Gewässer
VDI-Bericht Nr. 204, 1973

/5-8/   Böhnke, B.
Minderung der Folgen der Wärmebelastung durch Sauer-
stoffeintrag
VDI-Bericht Nr. 204, 1973

/5-9/   Rögener, H.
Physik der Rückkühlung
VDI-Bericht Nr. 204, 1973

/5-10/   Spangemacher, K.
Naßkühltürme
VDI-Bericht Nr. 204, 1973

/5-11/   Buxmann, J.
Trockenkühlung
VDI-Bericht Nr. 204, 1973

/5-12/   Fortak, H.
Beeinflussung des Lokalklimas durch große Energie-
erzeugungs- und Verbraucherzentren
Vorhaben Meteorologisches Simulationsmodell
Oberrheingebiet im Auftrag des Umweltbundesamtes
Vorhabensbericht Nr. 7, Juni 1977

/5-13/   Caspar, J.W.
Meteorologische Auswirkungen von Kühlvorgängen
VDI-Bericht Nr. 204, 1973

/5-14/ Sauer, E.
Abwärmeprobleme bei Kraftwerken
Kühlsysteme, Kosten, Umweltaspekte und Abwärme-
nutzung
Berichte der Kernforschungsanlage Jülich Nr. 1255
Programmgruppe Systemforschung und Technologische
Entwicklung, Dez. 1975

/5-15/ Faust, R.
Wirkung von Naßkühltürmen auf Wetter und KLima
IRS-Fachgespräch 1976. Neuere Entwicklungen im
radiologischen Umweltschutz von kerntechnischen
Anlagen
Köln, Oktober 1976

/5-16/ Lärmschutz bei Kraftwerken
Hrsg. Minister für Arbeit, Gesundheit und Soziales
des Landes Nordrhein-Westfalen, 1981

/5-17/ Täubert, U.
Die Entsorgung der Kraftwerke von Wasser und Abfall
VGB-Kraftwerkstechnik 57 (1977), H. 5, S. 345-355

/5-18/ Lühr, H.P.
Anforderung von Kraftwerksnebenprodukte bei der Ver-
wendung im Bauwesen
VGB Kraftwerkstechnik 58 (1978), Heft 5, S. 354-358

/5-19/ Jacobs, J.
Verwertung von Verbrennungsrückständen aus Kraftwerks-
feuerungen
VGB Kraftwerkstechnik 58 (1978), Heft 5, S. 342-353

/5-20/ Weber, E., Seeck, F.
Staubabscheider, Stand der Technik und Entwicklungs-
tendenzen
Technische Mitteilungen 70 (1977), H. 1, S. 49-54

186

/5-21/   Brandt, J., u.a.
          Feststoffabscheidung aus Rauchgasen in de Heiß- und
          Kaltphase
          in: Jahrbuch der Dampferzeugungstechnik, 4. Ausgabe
          1980/81, Vulkan Verlag, Essen, 1980

/5-22/   Bers, K.
          Umweltschutzmaßnahmen in Kraftwerken und anderen Ver-
          sorgungseinrichtungen eines EVU in städtischen
          Ballungsgebieten
          VGB Kraftwerkstechnik 61 (1981), S. 205-209

/5-23/   Junkers, G., Laufhütte, D.W.
          Erfahrungen der Saarbergwerke mit der Rauchgaskontro-
          nierung durch SO_3 zur Verbesserung der Abscheide-
          leistung von E-Filtern
          VGB Konferenz Kraftwerk und Umwelt 1981

/5-24/   Reissmann, H.
          Verbesserung der Staubabscheidung von Elektrofiltern
          durch Rauchgas-Konditionierung
          KFA-Seminar: Umweltfreundliche Kraftwerkstechnologie,
          Jülich, Okt. 1980

/5-25/   White, Harry J.
          Resistivity Problems in Electrostatic Precipitation
          Journal of the Air Pollution Control Association
          4/1974, S. 314

/5-26/   Hiller, R., Löffler, F.
          Einfluß von Auftreffgrad und Haftanteil auf die
          Partikelabscheidung in Faserfiltern
          Staub-Reinhaltung der Luft 40 (1980), S. 405

/5-27/   Güthner, G.
          Verminderung von Staubemissionen durch Einsatz von
          Gewebeabscheidern
          Staub-Reinhaltung der Luft 40 (1980) S. 324

/5-28/   Grabenhorst, U.
           Einsatz eines Schlauchfilters hinter einem Schmelz-
           kammerkessel
           KFA-Seminar Umweltfreundliche Kraftwerkstechnologie,
           Jülich, Okt. 1980

/5-29/   Forck, B., Lange, G.
           Systemanalyse Entschwefelungsverfahren, Studie im
           Auftrag des BMFT, federführend VGB Technische Vereini-
           gung der Großkraftwerksbetreiber, Essen 1974

/5-30/   Rentz, O., u.a.
           Möglichkeiten und Folgen der Einführung von Rauchgas-
           entschwefelungsverfahren, eine Untersuchung für
           Baden-Württemberg
           Forschungsbericht, Karlsruhe, April 1976

/5-31/   Laseke, B.
           EPA Utility FGD Survey
           EPA-600/7-78-051c, Sept. 1978

/5-32/   Schärer, B. u.a.
           Luftverschmutzung durch Schwefeldioxid
           - Ursachen, Wirkungen, Minderung -
           Umweltbundesamt, Berlin, 1980

/5-33/   Ando, J.
           Status of SO_2 and NO_x Removal System in Japan
           Proc. of the 4th Symp. on Flue Gas Desulph.
           Hollywood, Fl. 8.-11. Nov. 1977

/5-34/   Ando, J., Laseke, B.
           SO_2 Abatement For Stationary Sources in Japan
           EPA-600/7-77-103a, 9/1977

/5-35/   Leininger, D., Monostory, F.P.
           Kohleentschwefelung durch aufbereitungstechnische
           Maßnahmen
           Glückauf 111 (1975) Nr. 22, S. 1079-1082

188

/5-36/   Bosselmann, W., Hegemann, K.R., Leimkühler, J.
          Weitere Betriebserfahrungen mit einer Rauchgasent-
          schwefelung in Wilhelmshaven und deren Übertragbar-
          keit auf die Anlagenerweiterung
          VGB-Konferenz Kraftwerk und Umwelt 1981

/5-37/   Haug, N., Pietrzenink, H.J.
          Gips ohne Garantie - Marktanalyse für Endprodukte
          aus der Rauchgasentschwefelung
          Energie Jahrg. 32 (1980) Nr. 6/7, S. 233-236

/5-38/   Möglichkeiten und Grenzen der Ölsubstitution durch
          Strom und Fernwärme in der Bundesrepublik Deutschland
          Kraftwerk Union AG, Erlangen, 1980

/5-39/   Rentz, O.
          Alternative Kosten von Maßnahmen zur Minderung
          des Schwefelgehaltes der Rauchgase von mit fossilen
          Brennstoffen beheizten Großkraftwerken
          Gutachten für den Rat der Sachverständigen für
          Umweltfragen 1977

/5-40/   Lorenz, G.
          Zum Problem der Ermittlung optimaler Strategien für
          eine kombinierte oder alternative Anwendung von
          Brennstoff- und Rauchgasentschwefelung
          Diplomarbeit am Institut für Entscheidungstheorie
          und Unternehmensforschung der Universität (TH)
          Karlsruhe, 1977

/5-41/   Forck, B.
          Rauchgasentschwefelung, Weiterverwendung der End-
          produkte aus der Rauchgasentschwefelung
          KFA-Seminar: Umweltfreundliche Kraftwerkstechnologie
          für Kohlekraftwerke
          Jülich, Okt. 1980

/5-42/   Wirsching, F.
           Entwicklung eines Verfahrens zur Verwertung von fein-
           teiligen Chemiegipsen aus der Rauchgasentschwefelung
           als Spezialbaugips in der Gipsindustrie
           KFA-Seminar: Umweltfreundliche Kraftwerkstechnologie
           für Kohlekraftwerke, Jülich, Okt. 1980

/5-43/   Ay, J.H., Sichel, M.
           Theoretical Analysis of NO
           Formation Near the Primary Reaction Zone in Methane
           Combustion, in: Combustion and Flame 26 (1976),
           S. 1-15

/5-44/   Axworthy, A.E.
           Chemistry and Kinetics of Fuel Nitrogen Conversion to
           Nitric Oxide, in: AUChE-Symposium Ser. 71 (1975),
           S. 30-42

/5-45/   Bagg, J.
           The Formation and Control of Oxides of Nitrogen
           in Air Pollution, in: Strauss, W. Hrsg.: Air
           Pollution Control, Part I, S. 35-94

/5-46/   Beer, J.M., Martin, G.B.
           Application of Adcanced Technology for NO_x Control:
           Alternate Fuel and Fluidized Bed Coal Combustion,
           EPA, Reprint

/5-47/   Bilger, R.W., Beck, R.E.
           Further experiments on turbulent jet diffusion flames,
           in: 15th Symposium (int.) on Combustion (1974),
           S. 541-552

/5-48/   Hall, R.E., Bowen, I.S.
           Stationary Source Combustion an R&D Update, in:
           J. of the Air Pollution Control Association 26 (1976),
           S. 111-115

190

/5-49/   Iverach, D., Basden, K.S., Kirov, N.Y.
           Formation of nitric oxide in fuel lean and fuel rich
           flames, in: 14th Symposium (int.) on Combustion
           (1973), S. 767-775

/5-50/   Kolar, J.
           NO_x-Emissionen von Gasfeuerungen - Ein Überblick, in:
           Gas, Erdgas 117 (1976), S. 57-62

/5-51/   Koch, H., Sharan, H.N.
           Systeme für emissionsarme Energieerzeugung, in:
           Energie 28 (1976), S. 113-118

/5-52/   Kremer, H.
           Ursachen der Entstehung und verbrennungstechnische
           Maßnahmen zur Verminderung der Schadstoffemissionen
           von Feuerungen, in: Gaswärme int. 23 (1974),
           S. 444-450

/5-53/   Mac Kinnon, D.J.
           Nitric oxide formation at high temperatures, in:
           J. Air Pollution Control Association 24 (1974),
           S. 237-239

/5-54/   Quan, V., Kliegel, J.R., Peters, R.L.,
           Teixeira, D.P.
           Predicted effects of fluid dynamic parameters
           on nitric oxide formation in turbulent jet diffusion
           flames, in: Combustion and Flame 25 (1975), S. 67-77

/5-55/   Fitzer, E., Siegel, D.
           Stickoxiddemission industrieller Feuerungsanlagen in
           Abhängigkeit von den Betriebsbedingungen, in:
           Chem.-Ing.-Techn. 47 (1975), S. 571 (Synopse 254/75)

/5-56/   Siegel, K.D.
           Stickoxidemission industrieller Feuerungsanlagen in
           Abhängigkeit von den Betriebsbedingungen,

Diplomarbeit am Institut für Chemische Technik der
Universität (TH) Karlsruhe, 1973

/5-57/   Bueters, K.A., Habelt, W.W.
          NO_x-Emissions from Tangentially - Fired Utility
          Boilers Part I, Theory, in: AIChE-Symposium Ser. 71
          (1975), S. 85-94

/5-58/   Eberius, H., Just, Th.
          Untersuchungen zur Stickoxidbildung unter Beteiligung
          des Cyanidradikals bei der Verbrennung von Kohlen-
          wasserstoffen, in: VDI-Bericht 246 (1975), S. 137-142

/5-59/   Engleman, V.S.
          A Detailed Approach To The Chemistry of Methane/Air
          Combustion: Critical Survey Of Rates And Applications,
          EPA-600/2-76-152a, Juni 1976, S. I-153

/5-60/   Braun, B. u.a.
          Stickoxidemissionen aus Kraftwerksfeuerungen,
          in: VBG Kraftwerkstechnik 56 (1976) 785-790

/5-61/   Kremer, H.
          Prinzipielle Möglichkeiten und Grenze der
          Verminderung der Emission von Stickstoffoxiden aus
          Feuerungsanlagen, in: Niepenberg, H.P. Hrsg.:
          Die Industriefeuerung, 8 (1976) 5-12

/5-62/   Blakeslee, C.E., Burbach, H.E.
          Controlling NO_x Emissions from Steam Generators,
          in: J. Air Poll. Contr. Assoc. 23 (1973) 37-42

/5-63/   Fenimore, C.P.
          13th Symposium (int.) on Combustion (1971) S. 373 ff

/5-64/   Fenimore, C.P.
          Formation of nitric oxide from fuel nitrogen in
          ethylene flames, in: Combustion and Flame 19 (1972),
          S. 289-296

/5-65/   Fenimore, C.P.
          Reactions of Fuel-Nitrogen in Rich Flame Gases, in:
          Combustion and Flame 26 (1976), S. 249-256

/5-66/   Eberius, H., Just, Th.
          Untersuchungen zur Stickoxidbildung unter Beteiligung
          des Cyanradikals bei der Verbrennung von Kohlen-
          wasserstoffen, in: VDI-Bericht Nr. 246 (1975),
          S. 137-142

/5-67/ NO_x Control Review
          US Environmental Protection Agency 4 (1979) No. 3

/5-68/   Japan Environment Summary
          Environment Agency Tokyo 6 (1978) No. 8

/5-69/   Michelfelder, S.
          Die Verminderung der Stickoxidemission über die
          Optimierung der Brennerkonstruktion - Betriebsergeb-
          nisse mit einem Versuchsbrenner - in: VGB Kraftwerks-
          technik 56 (1976), S. 622-629

/5-70/   Sutherland, K.N.
          The Control of NO_x Emission in Power Plant Operations,
          in: Clean Air, Mai 1974, S. 37-41

/5-71/   Kremer, H., Skunca, I.
          Möglichkeiten der Verminderung der Emission von Stick-
          oxiden aus Gasfeuerungen, in: gwf-gas/erdgas 117
          (1976), S. 423-429

/5-72/   Lowes, T.M., Bartelds, H., Heap, M.P., Walmsley, R.
          Die Beeinflussung der NO_x-Emission brennstoff-
          gefeuerter Kessel und Öfen durch Verändern von
          Brennerparametern, in: Brennstoff-Wärme-Kraft 26
          (1974), S. 26-31

/5-73/   Ketels, P.A., Nesbitt, J.D., Oberle, R.D.
          Survey of Emission Control and Combustion Equipment
          Data in Industrial Process Heating
          EPA-600/7-76-022, Oktober 1976

/5-74/   Jacobs, J.
          Minderungstechnik für NO_x-Emissionen
          KFA-Seminar: Umweltfreundliche Kraftwerkstechnologie
          für Kohlekraftwerke
          Jülich, Okt. 1980

/5-75/   Jacobs, J.
          Erfolge und Ziele bei der Entwicklung einer NO_x-Min-
          derungstechnologie für Kraftwerksfeuerungen
          VGB-Kraftwerkstechnik 61 (1981), Heft 3, S. 214

/5-76/   Hempelmann, R., Rentz, O.
          NO_x-Minderungstechnologien im Kostenvergleich
          VGB-Kraftwerkstechnik 60 (1980) Heft 12, S. 985

/5-77/   Davids, P., u.a.
          Luftreinhaltung bei Kraftwerks- und Industrie-
          feuerungen
          Brennstoff-Wärme-Kraft 33 (1981), Nr. 4, S. 170

/5-78/   Michelfelder, S., Leikert, K.
          Kohlenstaubbrenner mit niedriger NO_x-Emission
          Staub-Reinhalt. Luft 39 (1979), Nr. 11, S. 403

/5-79/   Leikert, K.
          Der Stufenmischbrenner für niedrige Stickoxid-
          emission
          KFA-Seminar: Umweltfreundliche Kraftwerkstechnologie
          für Kohlekraftwerke
          Jülich, Okt. 1980

194

/5-80/   Reidick, H., Schuster, H.
          Entwicklungsstand NO_x - mindernder Maßnahmen für
          deutsche Kraftwerke
          Gas Wärme int. 28 (1979), 2/3, S. 98-105

/5-81/   Mason, H.B.
          Entwicklung von Verfahren zur Verminderung der NO_x-
          Emissionen bei Kraftwerkskesseln in USA
          Die Industriefeuerung Nr. 13 (1978), S. 5

/5-82/   Schuster, H., Stebel, H.
          Großtechnische Erprobung einer Feuerung mit geringer
          NO_x-Emission für steinkohlengefeuerte Dampferzeuger
          mit flüssigem Ascheabzug
          Brennstoff-Wärme-Kraft 33 (1981), Nr. 11, S. 443

/5-83/   Prohl, H.
          Schmelzfeuerung mit geringer Stickoxidemission
          KFA-Seminar: Umweltfreundliche Kraftwerkstechnologie
          für Kohlekraftwerke
          Jülich, Okt. 1980

/5-84/   Rentz, O., Hempelmann, R., Huber, W.
          Verfahren zur Abscheidung von Stickoxiden sowie zur
          Simultanabscheidung von Stickoxiden und Schwefeldioxid
          aus den Abgasen industrieller Feuerungsanlagen
          Forschungsbericht im Auftrag des Umweltbundesamtes,
          Karlsruhe, 1978

/5-85/   Rentz, O., Hempelmann, R., Huber, W.
          Entwicklungsstand und Tendenzen einer NO_x-Abscheidung
          aus Kraftwerks-Rauchgasen
          Die Industriefeuerung Nr. 13 (1978), S. 16-26
          Techn. Mitteilungen HDT 71 (1978), S. 500-510
          Gas Wärme International 28 (1979), S. 173-182

/5-86/   Davids, P.
          Verminderung gasförmiger Emissionen aus Großfeuerungs-

anlagen
Envitec '80 Kongreß, Düsseldorf 1980

/5-87/   Maier, D., Nus, H.
          Anlagestufe zur trockenen Abscheidung von Chlor und
          Fluor aus Rauchgasen von Steinkohlekraftwerken
          Forschungsbericht im Auftrag des BMFT
          BMFT-FB-T 81-070, April 1981

/5-88/   Verordnung über Trinkwasser und über Brauchwasser
          für Lebensmittelbetriebe (Trinkwasser-Verordnung)
          vom 31. Jan. 1975 (BGBl I, S. 453),
          geändert am 26. Dez. 1977 (BGBI I S. 2802).

/5-89/   VGB Technische Vereinigung der Großkraftwerks-
          betreiber e.V.
          Tätigkeitsbericht 1980/81, S. 143

/5-90/   Krost, H., Vetter, H.
          Entwicklung und Stand von Braunkohlenkraftwerken
          Energiewirtschaftliche Tagesfragen 31. Jg. (1981),
          Heft 5

/5-91/   Jacobi, W.
          Umweltradioaktivität und Strahlenexposition durch
          radioaktive Emissionen von Kohlekraftwerken
          GSF-Bericht S-760, März 1981

/5-92/   Atzger, J. u.a.
          Verfahren zur Rauchgasentschwefelung in:
          Jahrbuch der Dampferzeugungstechnik 4. Ausgabe
          1980/81, Vulkan Verlag, Essen, 1980

/5-93/   Bechthold, H.
          Das abwasserfreie Walther-Verfahren zur Rauchgasent-
          schwefelung unter Erzeugung von Ammonsulfat als Dünge-
          mittel
          KFA-Seminar: Umweltfreundliche Kraftwerkstechnologie,
          Jülich, Okt. 1980

196

/5-94/   Immissionsbelastungen von Waldökosystemen
          Landesanstalt für Ökologie, Landschaftsentwicklung und
          Forstplanung Nordrhein-Westfalen, Frühjahr 1982

/5-95/   Saurer Regen und Forstschaden
          Eine Dokumentation des Gesamtverbandes des Deutschen
          Steinkohlenbergbaus, Februar 1982

/5-96/   Flohn, H.
          Das CO_2-Problem und die Zukunft unseres Klimas
          Glückauf 117 (1981), Nr. 7, S. 1123

/5-97/   Bolin (Ed.)
          The Global Carbon Cycle
          Wiley & Sous, 1979

/5-98/   Bach, W.
          Untersuchung der Beeinflussung des Klimas durch
          anthropogene Faktoren
          aus: Münstersche Geographische Arbeiten, Bd. 6,
          Paderborn, Ferdinand Schöningh, 1980

/5-99/   Davids, P.
          Luftverbesserung durch Neubau von Steinkohlenkraft-
          werken - Möglichkeiten und Grenzen
          Umweltbundesamt, Berlin, 1981

/5-100/   Kautz, K., Kirsch, H., Laufhütte, D.W.
          Über Spurenelementgehalte in Steinkohlen und den
          daraus entstehenden Reingasstäuben
          VGB-Kraftwerkstechnik 55, Heft 10, Okt. 75

/5-101/   Berner, W.
          Die Auswirkungen von CO_2-Emissionen auf das Klima,
          Band 1
          Bericht für das Umweltbundesamt, Berlin, April 1981,
          BF-R-63818-1

/5-102/   König, Ch.
          in: Technologien zu besseren Energienutzung in
          Wärmekraftwerken, Jül-Conf-19, April 1976, S.4 -
          5, Kernforschungsanlage Jülich

/5-103/   van den Berg, G.J., Runge, H.C., Vogt, E.V.,
          Wetzel, R.
          Combined-Cycle Power Stations Based on SK COAL
          Gasification, WEC 1980, Vol. RTA, Pages 233-244.

/5-104/   Krieb, K.H., Ratzeburg, W.
          Übersicht über neue Kraftwerkstechnologien, Haus
          der Technik, Vortragsveröffentlichungen, Heft
          409, Möglichkeiten zur Gestaltung
          umweltfreundlicher Kohleenergieerzeugungsanlagen.
          November 1977, S. 24 - 29.

/5-105/   Brückner, H., Wittehow, E.
          Kombinierte Gas-Dampfturbinenprozesse:
          Wirtschaftliche Stromerzeugung aus Gas und Kohle,
          BWK 31 (1979) Nr. 5, S. 214 - 218

/5-106/   Knizia, K.
          Das VEW-Kohlenumwandlungsverfahren.
          VGB Kraftwerkstechnik 54 (1974) Nr. 8,
          S. 525 - 531

/5-107/   Weinzierl, K.
          VEW-Kohlenumwandlungsverfahren - Entwicklungser-
          gebnisse und weitere Planung, Statusseminar
          "Umweltfreundliche Kraftwerkstechnologie", Oktober
          1980, S. 418 - 432, Kernforschungsanlage Jülich,
          Projektleitung Energieforschung

/5-108/   Rhein, H.
          170 MW-KDV-Prototypkraftwerk in Lünen,
          Schriftenreihe "Energiepolitik in Nordrhein-
          Westfalen", Bd. 12, S. 24 - 52, Minister für

198

          Wirtschaft, Mittelstand und Verkehr des Landes
          NRW, Düsseldorf, 1981

/5-109/   Weinzierl, K.
          Einkopplung von Entgasungs- und Vergasungsver-
          fahren Im Kraftwerksprozeß, Jahrbuch der Dampf-
          erzeugungstechnik, 3. Ausgabe 1976/77, S. 71-80,
          Vulkan Verlag, Essen.

/5-110/   Hafke, C.
          Kohledruckvergasung
          Haus der Technik Vortragsveröffentlichungen, Heft
          409, Möglichkeiten zur Gestaltung umwelt-
          freundlicher Kohleenergieerzeugungsanlagen, Nov.
          1977, S. 30 - 36.

/5-111/   Petzel, H.-K., Meenzen, P.
          Das Modellkraftwerk Völklingen der Saarbergwerke
          AG., Siemens-Energietechnik 2 (1980) Heft 4,
          S. 99 - 103

/5-112/   Saarberg - Neue Entwicklungen, Kohleveredlung,
          Kohleverwendung, Firmenschrift der Saarbergwerke
          AG, Juni 1981, Saarbrücken

/5-113/   Meyer, W.
          Steinkohlengefeuerter Kombiblock mit Wirbel-
          schichtfeuerung, BWK 30 (1978) Nr. 11,
          S. 430 - 432

/5-114/   Tippmer, K.
          Brenngase durch Kohlevergasung für den Gas-/Dampf-
          turbinenprozeß, BWK 32 (1980), Nr. 5, S. 203-212.

/5-115/   Birnbaum, U.
          Umweltauswirkungen von Kohleveredlungsanlagen,
          Literaturrecherche für das BMFT, KFA-Jülich,
          August 1980

/5-116/ VGB, Technisch-wissenschaftliche Berichte
        "Wärmekraftwerk", Heft 8, S. 197-215

/5-117/ Schilling, H.-D.
        Die Wirbelschichtfeuerungstechnik - Stand und
        Aussichten, Chem.-Ing.-Tech. 55 (1983), Nr. 3,
        S. 185 - 194

/5-118/ Martin, A.F.
        Techno-ökonomie der Wirbelschichtfeuerung, Erich
        Schmidt Verlag GmbH, Berlin 1982

/5-119/ Schilling, H.-D., Münzer, H., Bonn, B.,
        Wiegand, D.,
        Wirbelschichtfeuerung und ihre Bedeutung für den
        Wärmemarkt. Erdöl und Kohle-Erdgas-Petrochemie
        vereinigt mit Brennstoff-Chemie, Bd. 34, Heft 9,
        Sept. 1981, S. 386 - 391

/5-120/ Bitterlich, E.
        Die Wirbelschicht-Technologie als Prozeß zur
        umweltfreundlichen Energieerzeugung, VGB-Kraft-
        werkstechnik 60, Heft 5 (1980), S. 360-376

/5-121/ Kirschke, H.G., Langhoff, J.
        Die atmosphärische Wirbelschichtanlagen der
        Ruhrkohle AG, Flingern und König Ludwig,
        VGB-Kraftwerkstechnik 62, Heft 2 (1982),
        S. 119 - 122

/5-122/ Schilling, H.-D.
        Die Wirbelschichtfeuerung als neue Technologie
        zur Strom- und Wärmeerzeugung aus Kohle, Glückauf
        114 (1978), Nr. 3, S. 142 - 147

/5-123/ Brandes, H.
        Umweltfreundliche Dampferzeuger mit Wirbelschicht-
        feuerung, Energie 31 (1979), Heft 7

200

/5-124/ Thurlow, G.G.
        J. Inst. Fuel 43 (1970), S. 473

/5-125/ Münzer, H.
        Einfluß von Betriebsparametern auf die Schadstoff-
        emissionen einer Wirbelschichtfeuerung im Labor-
        maßstab, VDI-Berichte 286 (1977), S. 97 - 102

/5-126/ Brandes, H.
        Wirtschaftlichkeit und Marktpotential der Wirbel-
        schichtfeuerung, Vortrag auf der Wirbelschicht-
        tagung am 2.11.1981 im Haus der Technik, Essen

/5-127/ Kremer, H.
        Minderung der Emission von Stickstoff- und Schwe-
        feloxiden aus Industriefeuerungen durch verbren-
        nungstechnische Maßnahmen. Die Industriefeuerung,
        Heft 25 (1983), S. 69 - 75

/5-128/ Wied, E.
        Dampferzeuger mit Wirbelschichtfeuerung unter
        atmosphärischen und überdruckbedingungen, VGB
        Kraftwerkstechnik 58 (1978), Heft 8, S. 554 - 561

/5-129/ Bonn, B., Münzer, H.
        Schadstoffemissionen bei Wirbelschichtfeuerung,
        VDI-Berichte 322 (1978), S. 103 - 109

/5-130/ Holighaus, R. Werther, J.
        Wirbelschichttechnologie: Neuentwicklung für
        Kraftwerkstechnik und Umweltschutz, Chem.-Ing.
        Tech. 50 (1978), Nr. 9, S. 662 - 669

/5-131/ Günther, R.
        Ergebnisse und Ziele der Verbrennungsforschung,
        VDI-Berichte 286 (1977), S. 5 - 12

/5-132/ Ehrlich, Sh.
         New Technique for a new era
         EPRI Journal, December 1979

/5-133/ Voß, W.
         Betriebserfahrungen mit Wirbelschichtfeuerungen
         die Industriefeuerung, Heft 25 (1983), S. 28 - 36

/5-134/ Weber, E.
         Heißgasentstaubung bei Wirbelschichtfeuerung,
         VDI-Bericht 322, S. 111 - 119, Düsseldorf 1978

/5-135/ Hansen, U.
         Heizkraftwerke und Wärmeversorgungsanlagen
         Vorlesungskript d. Uni Essen - GHS, Kraftwerks-
         technik 1982

/5-136/ Bundesministerium für Forschung und Technologie
         Gesamtstudie Fernwärme, Bonn 1977

/5-137/ Hakansson, K.
         Handbuch der Fernwärme Praxis
         Vulkan-Verlag Essen, 2. Auflg. 1982

/5-138/ Schärer, B.
         Luftverschmutzung durch Schwefeldioxid
         Umweltbundesamt 1981

/6-1/   Energie und Umwelt
         Sondergutachten des Rates von Sachverständigen
         für Umweltfragen
         März 1981

/6-2/   Aichinger, H.M., Steffen, R.
         Entwicklungsstand der Kohlevergasungsverfahren
         Stahl und Eisen 100 (1980) Nr. 7, 7. April 1980

202

/6-3/   Heek, K.H. van
           Überblick über den internationalen Entwicklungs-
           stand der Kohlevergasungsverfahren
           Stahl und Eisen 100 (1980) Nr. 7, S. 363/70

/6-4/   Müller, G., Knobloch, T., Drotleff, J.
           Umweltauswirkungen von Anlagen zur Kohlevergasung
           und -verflüssigung
           Umweltbundesamt II 4.4-52 340/0 Berlin, Juli 1981

/6-5/   Schilling, H.D., Bonn, B., Krauss, U.
           Kohlevergasung - Eine Basisstudie über bestehende
           Verfahren und neue Entwicklungen
           Rohstoffwirtschaft International Bd. 4
           Verlag Glückauf GmbH, Essen, 1979

/6-6/   Bierbach, H. und Jockel, H.
           Weiterentwicklung der Lurgi-Druckvergasung
           Stahl und Eisen 100 (1980) Nr. 7, S. 371/76

/6-7/   Falbe, J.
           Chemierohstoffe aus Kohle
           G. Thieme Verlag Stuttgart

/6-8/   Röbke, G.
           Weiterentwicklung des Lurgi-Druckvergasungsver-
           fahren
           Sonderdruck aus HdT Heft 405, 1978

/6-9/   Hoede, K., Kasper, G., Thomson, S.
           Quantifizierung der Umweltbeeinträchtigung durch
           moderne Verfahren der Kohlevergasung und -verflüssigung
           Fluor GmbH, Düsseldorf, Jan. 1981

/6-10/   Boy, C., Ruprecht, P., Langhoff, J. und Dürrfeld, R.
           Stand der Texaco Kohlevergasung in der Ruhrchemie/
           Ruhrkohle-Variante
           Stand und Eisen 100 (1980) Nr. 7, S. 388/92

/6-11/ Burgt, M.J. van der, Wetzel, R.
Anwendungsmöglichkeiten des Shell-Koppers-Verfahrens
in der Eisen- und Stahlindustrie
Stahl und Eisen 100 (1980) Nr. 7, S. 380/82

/6-12/ Völkel, H.K.
Der Shell-Koppers-Prozeß zur Vergasung von Kohle
unter Druck
Shell-Sonderdruck (634-1)

/6-13/ Rossbach, M., Müller, R., Küffner, P.
Kohledruckvergasung nach dem Saarberg/Otto-Prozeß
Energie Jahrg. 30, Nr. 6, Juni 1978

/6-14/ Rossbach, M., Lorscheider, R.
Inbetriebnahme der Saarberg/Otto-Kohlendruckver-
gasungsanlage
Glückauf 116, Nr. 13, 1980

/6-15/ Prospekt der Saarbergwerke AG
Abteilung Öffentlichkeitsarbeit
Saarbrücken, 1980

/6-16/ Brocke, W., Rossbach, M.
Probleme der Gasreinigung bei der Kohledruckver-
gasung nach dem Saarberg/Otto-Verfahren
Entwurf, Völklingen 10.4.1980

/6-17/ Rossbach, M., Meyer, A. Hornung, V.
Das Saarberg/Otto-Kohlevergasungsverfahren
Stahl und Eisen 100 (1980) Nr. 7, S. 383/87

/6-18/ Rossbach, M.
Erste Betriebsergebnisse mit der Saarberg/Otto-
Kohlevergasungsanlage
gas/erdgas 120 (1979) 12, S. 569-574

204

/6-19/   Speich, P.
          Vergleichende Betrachtung von Braunkohle-
          veredlungsverfahren
          Erdöl und Kohle - Erdgas Bd. 29, Nr. 12, Dez. 1976

/6-20/   Pattas, E. Adlhoch, W.
          Zum Stand der Entwicklung des HTW-Verfahrens zur
          Kohlevergasung
          Stahl und Eisen 100 (1980) Nr. 7, S. 376/79

/6-21/   Planstudie über eine halboffene Fernenergie-
          versorgung insbesondere für den Raum Frankfurt a.M.
          mit Heißwasser-Fernwärmeversorgung für den Raum Köln
          Kernforschungsanlage Jülich - Angewandte Systemanalyse
          Nr. 22, Dez. 1980, Jül-Spez-95

/6-22/   Theis, A.
          The Rheinbraun High Temperature Winkler (HTW)
          Process, Paper presented at the "Workshop an Synthetic
          Fuels: Status and Future Direction", San Francisco,
          1980

/6-23/   Kupfer, W., Okownik, A., Würfel, H.
          Projektstudie zur Erstellung baureifer Unterlagen
          für eine 6 tato Kohleverflüssigungs-Pilotanlage
          Forschungsbericht BMFT-FB-T 80-002
          Saarbergwerke AG, Saarbrücken, Juni 1980

/6-24/   Rossbach, M.
          Druckvergasung nach dem Saarberg-Otto-Verfahren
          Haus der Technik, Vortragsveröffentlichungen Heft 405
          Kohlevergasung und -hydrierung

/6-25/   Gratkowski, v. H.W.
          Erdöl, Kohle, Erdgas, Petrochem.
          Brennst.-Chem. 28, 81, 1975

/6-26/   Rohstoffsicherung durch Kohleveredlung
Schriftenreihe Chemie und Fortschritt, Heft 1/1981
Hrsg. Verband der Chemischen Industrie e.V.,
Frankfurt a.M., Karlstr. 21

/6-27/   Umweltbundesamt
Emissionsfaktoren für Luftverunreinigungen
Materialien 2/80, Erich Schmidt Verlag Berlin

/6-28/   Abel, Oelert, H.H.
Erfassung und Abschätzung der Emissionen aus
Anlagen zur Kohleverflüssigung und Kohlevergasung
in der Bundesrepublik Deutschland - Kurzfassung -
Studie im Auftrag d. Ministers für Wirtschaft,
Mittelstand und Verkehr des Landes NRW, Clausthal
August 1981

/6-29/   Teggers, Theis, A.
Die Rheinbraun-Verfahren zur Hochtemperatur-
Winkler und hydrierenden Kohlevergasung
Vortrag anläßlich der "First International Gas
Research Conf." 9.-12. Juni 1980, Chicago (USA)

/6-30/   Birnbaum, U.
Literaturrecherche zu Umweltauswirkungen von
Kohleveredlungsanlagen
Kernforschungsanlage Jülich
Programmgruppe Systemforschung und Technologische
Entwicklung (STE), Jülich, August 1980

/6-31/   Peyrer, H.P.
Ruhr 100 - eine Weiterentwicklung der LURGI-Druckvergasung
Erdöl Erdgas Zeitschrift, Sonderdruck 94. Jahrgang,
1978, Heft 10, Seite 362-367

206

/6-32/   Winkler, E.
          Maßnahmen zur Begrenzung von Emissionen bei der
          Lagerung und Verladung von Kohlenwasserstoffen
          VDI-Berichte 339, Erfassen und Begrenzen von
          Emissionen aus diffusen Quellen, Düsseldorf 1979

/6-33/   CEP-Techn. Manual "Coal processing Technology"
          Vol. 3, New York 1977

/6-34/   EPA-600/2-76-101, Washington 1976
          Evaluation of Pollution Control in fossil Fuel
          conversion processes, Final report

/6-35/   EPA Symp. Environm. Aspects of Fuel Conversion
          Technology, St. Louis, Sept. 1980

/6-36/   Umweltverträglichkeit von Anlagen zur Vergasung
          und Verflüssigung von Steinkohle in der Bundes-
          republik Deutschland, Gesamtverband d. deutschen
          Steinkohlenbergbaus, 1982

/6-37/   Firmeninformation VEBA OEL, 1981

/6-38/   Bericht über Datenerhebung ökologischer Daten für
          Kohleveredelungstechnologien
          Kernforschungsanlage Jülich - Programmgruppe
          Systemforschung und Technologische Entwicklung,
          Interner Bericht 1982

/6-39/   Ruhrkohle AG, Uni-Essen, Kernforschungsanlage Jülich
          Veredelung von Kohle in Verbundanlagen
          Studie i.A. des BMFT, 1978

/6-40/   Speich, P.
          Vergasung und Verflüssigung von Braunkohle
          Braunkohle 3, März 1981

/6-41/   Eich, P.
          Sauerstoff
          Jül-Spez-1319 (Diss.) Uni-Essen GHS, Juli 1976

/6-42/   Schmidt, J.
          Verfahren d. Gasaufbereitung
          VEB Leipzig 1970, Deutscher Verlag für Grundstoff-
          industrie

/6-43/   LURGI-Gesellschaft
          LURGI-Handbuch, 1970, Frankfurt a.M.

/6-44/   Kugeler, K.
          Kohlehydrierungsprozesse unter Einsatz von
          Nuklearer Wärme
          Kernforschungsanlage Jülich, Interner Bericht 1980

/6-45/   Allhorn, H.
          Die Bedeutung d. Hydrierung von Kohle unter umwelt- u.
          kostenpolitischen Gesichtspunkten (Diss. in Vorberei-
          tung) Uni-Essen GHS

/6-46/   Techn. Anleitung zum Schutz gegen Lärm
          (TA-Lärm); Allg. Verw. Vorschr. der B.Reg. vom Juli
          1968

/6-47/   Gidelnigs, J.M.
          Bull. Environm. Contam. Toxicol (1980) 25/6

/6-48/   Rentz, O., Hempelmann, R., Huber, W.
          Verfahren zur Abscheidung von Stickoxiden sowie
          zur Simultanabscheidung von Stickoxiden und Schwefel-
          dioxid aus den Abgasen industrieller Feuerungsanlagen
          Forschungsbericht im Auftrag des Umweltbundesamtes
          Berlin, Karlsruhe, April 1978

208

/6-49/   Bierl, A.
           Emissionen aus Dichtelementen, Auffinden, Ursachen
           VDI-Bericht 339, Erfassen und Begrenzen von Emissionen
           aus diffusen Quellen
           Düsseldorf, 1979

/6-50/   Matthias, K.
           Leckageemissionen im Vergleich zur Gesamtemission
           bei Chemieanlagen. Verminderung von Emissionen aus
           Dichteelementen durch intensivierte Wartung
           VDI-Bericht 339, Erfassen und Begrenzen von Emissionen
           aus diffusen Quellen
           Düsseldorf, 1979

/6-51/   Hamann, R.
           Kohlenwasserstoff-Emissionen, ausgewählte Beispiele
           aus der Mineralölindustrie
           VDI-Bericht 339, Erfassen und Begrenzen von Emissionen
           aus diffusen Quellen
           Düsseldorf, 1979

/6-52/   Clausen, J.F., Zee, A., Beck, B.
           Modderfontein Koppers-Totzek Source Test Results
           Draft

H.-G. Franck, A. Knop

Kohleveredlung

Chemie und Technologie

Hochschultext
1979. 204 Abbildungen, 94 Tabellen. XI, 333 Seiten. DM 48,–
ISBN 3-540-09627-2

Inhaltsübersicht: Kohlenstoffquellen. – Kohlenstoffbedarf der chemischen Industrie. – Schwelung und Verkokung der Kohle. – Steinkohlenteer. – Kohlevergasung. – Aufbereitung und Verwendung von Synthesegas. – Kohleverflüssigung. – Alternativen zukünftiger Kraftstoffversorgung. – Kohlefeuerung. – Literaturverzeichnis. – Sachwortverzeichnis. – Anhang.

Wind Energy

An Assessment of the Technical and Economical Potential
A Case Study for the Federal Republic of Germany, commisioned by the International Energy Agency

By L. Jarass, L. Hoffmann, A. Jarass, G. Obermair
1981. 135 figures. XI, 209 pages. Cloth DM 82,–.
ISBN 3-540-10362-7

Contents: The Possible Position of Wind Power within the Future Enery Supply of the Federal Republic of Germany. – Determinants of Wind Power Utilization. – Research Goals of the Study. Wind Conditions in the Federal Republic of Germany. – Conversion of Kinetic Energy (Wind Power) into Electrical Energy. – The Conventional Energy Supply System. – Swing: A Simulation Model for the Integration of Wind Power into the National Grid. – Fuel Saving through the Use of Wind Power Plants. – Displacement of Power Plant Capacity by Wind Power Plants (Capacity Credit). – Summary I: Fuel Saving and Displacement of Conventional Power Plant Capacity.– Evaluation of Fuel Saving and Displaced Conventional Power Plant Capacity. – Summary II: Break-Even-Costs of Investment and Maintenance for Wind Power Plants. – Executive Summary. – Bibliography.

Primary Energy

Present Status and Future Perspectives

Editor: K.O. Thielheim
1982. 224 figures, some in color. VIII, 371 pages. DM 71,–.
ISBN 3-540-11307-X

Contents: The Physical Concept of Energy. – Resources and Reserves of Fossil and Nuclear Fuels. – Synthetic Fuels. – The Carbon Dioxide Problem. – Electricity and Heat from Thermal Nuclear Reactors. – High-temperature Reactors. – Technology of Fast Breeder Reactors. – Fast Breeder Reactors in France in 1979. – Nuclear Fuel Cycle. – Deposition of Radioactive Waste. – Nuclear Fusion with Magnetic Containment. – Laser-Driven Nuclear Fusion. – Hydroelectricity. – Solar Power Plants. – Electricity from the Sun – Photovoltaics. – Exploitation of Wind Energy by Wind Power Plants. – Tidal Power Stations. – Geothermal Energy. – Demands and Resources of Energy in the Present and Future. – Energy Strategies. -- Subject Index.

Springer-Verlag
Berlin
Heidelberg
New York
Tokyo

BMFT – Risiko- und Sicherheitsforschung

Herausgeber: Bundesministerium für Forschung und Technologie

Gesellschaft, Technik und Risikopolitik

Im Auftrag des Battelle-Instituts Frankfurt herausgegeben von
J. Conrad
1983. 27 Abbildungen. XII, 266 Seiten. Gebunden DM 38,–.
ISBN 3-540-11826-8

Inhaltsübersicht: Risikoforschung: Theoretische Ansätze und
methodologische Probleme. – Risikoforschung im Licht von Wis-
senschaftssoziologie und -philosophie. – Der gesellschaftliche und
politische Kontext der Risikoforschung. – Gesellschaft, Technologie
und Risikoforschung. – Sachverzeichnis.

Große technische Gefahren-potentiale

Risikoanalysen und Sicherheitsfragen

Im Auftrag des Battelle-Instituts (Frankfurt) herausgegeben von
S. Hartwig
1983. 54 Abbildungen. XII, 252 Seiten. Gebunden DM 34,–.
ISBN 3-540-11827-6

Inhaltsübersicht: Risikowahrnehmung, Akzeptanz und Risikoanalysen. – Der Transport gefährlicher Stoffe. – Flugverkehr. – Sicherheit
im Bauwesen. – Energietechnik. – Aspekte der Sicherheit in der
chemischen Industrie. – Sicherheitsentscheidungen bei Arzneimit-
teln und Chemikalien. – Versicherung. – Juristische Aspekte. –
Namenverzeichnis. – Sachverzeichnis.

Risiokoanalyse und politische Entscheidungsprozesse

Standortbestimmung von Flüssiggasanlagen in vier Ländern

Herausgeber: IIASA
Von **H. C. Kunreuther, J. Linnerooth**, sowie **J. Lathrop, H. Alz,
S. Macgill, C. Mandl, M. Schwarz, M. Thompson**
1983. 29 Abbildungen, 35 Tabellen. XI, 359 Seiten
Gebunden DM 38,–. ISBN 3-540-12550-7

Inhaltsübersicht: Das Problem. – Der Rahmen. – Bundesrepublik
Deutschland: Wenig Lärm um Wilhelmshaven. – Die Niederlande:
Die Debatte über Rotterdam und Eemshaven. – Fallstudie Vereinig-
tes Königreich. – Vereinigte Staaten von Amerika: Konflikte in Kali-
fornien. – LEG-Risikoermittlungen: Uneinigkeit unter den Exper-
ten. – Die Risikoanalyse im politischen Prozeß. – Verbesserung des
Standortbestimmungsverfahrens. – Postskriptum: Eine kulturelle
Vergleichsbasis. – Ratgeber und Kritiker. – Glossar. – Literaturverzeichnis.– Sachverzeichnis.

Springer-Verlag
Berlin
Heidelberg
New York
Tokyo